科技教师能力提升丛书

计算思维与程序设计

李璠 朱丽君 张飞 主编

清华大学出版社

北京

内 容 简 介

　　本书兼顾计算思维与程序设计的基础知识，介绍计算思维培养过程、算法、计算机编程等基本概念，通过基于问题驱动的教学案例，讲述如何应用计算思维解决实际问题，并通过使用程序设计出解决方案。本书旨在帮助读者初步具备运用计算思维解决实际问题以及提高在中小学开展计算思维教学培训的能力，为培养学生计算思维核心素养奠定基础。

　　本书可作为中小学校、校外培训机构、科技馆所等科技教师和科技辅导员的培训用书，也可作为教师提升科学素养，提高专业能力，开展教学活动的参考用书。

图书在版编目（CIP）数据

计算思维与程序设计 / 李璠，朱丽君，张飞主编 . —北京：清华大学出版社，2020.12（2021.7重印）
（科技教师能力提升丛书）
ISBN 978-7-302-57093-6

Ⅰ．①计…　Ⅱ．①李…②朱…③张…　Ⅲ．①程序设计　Ⅳ．① TP311

中国版本图书馆 CIP 数据核字（2020）第 251243 号

责任编辑：聂军来
封面设计：刘　键
责任校对：李　梅
责任印制：杨　艳

出版发行：清华大学出版社
　　　　　网　　址：http://www.tup.com.cn，http://www.wqbook.com
　　　　　地　　址：北京清华大学学研大厦A座　　　　　邮　编：100084
　　　　　社 总 机：010-62770175　　　　　　　　　　 邮　购：010-62786544
　　　　　投稿与读者服务：010-62776969，c-service@tup.tsinghua.edu.cn
　　　　　质量反馈：010-62772015，zhiliang@tup.tsinghua.edu.cn
印 装 者：小森印刷（北京）有限公司
经　　销：全国新华书店
开　　本：203mm×260mm　　　　印　张：8　　　　　字　　数：179千字
版　　次：2020年12月第1版　　　　　　　　　　 印　　次：2021年7月第2次印刷
定　　价：69.00元

产品编号：087394-01

丛书编委会

顾　问

吴岳良　匡廷云　金　涌　黎乐民　赵振业　张锁江

主　编

马　林

副主编

刘晓勘

编委成员（以下按姓氏笔画排序）

王　田　王　霞　朱丽君　毕　欣　闫莹莹　何素兴　李　璠

杜春燕　张　飞　张　珂　张晓虎　陈　鹏　陈宏程　卓小利

周　玥　赵　溪　郑剑春　郑娅峰　高　山　高　凯　郭秀平

傅　骞　谭洪政

评审委员（以下按姓氏笔画排序）

王洪鹏　叶兆宁　付　雷　付志勇　白　明　白　欣　司宏伟

吕　鹏　刘　兵　刘　玲　孙　众　朱永海　张文增　张军霞

张志敏　张增一　李云文　李正福　陈　虔　林长春　郑永春

姜玉龙　柏　毅　翁　恺　耿宇鹏　贾　欣　高云峰　高付元

高宏斌　詹　琰

项目组组长

张晓虎

项目组成员（以下按姓氏笔画排序）

丁　岭　王　康　王小丹　王志成　王剑乔　石　峭　田在儒

刘　然　吴　媛　张　军　张　弛　张和平　芦晓鹏　李　云

李佳熹　李金欢　李美依　屈玉侠　庞　引　赵　峥　洪　亮

聂军来　韩媛媛　程　锐

丛书序

当前，我国各项事业已经进入快速发展的阶段。支撑发展的核心是人才，尤其是科技创新的拔尖人才将成为提升我国核心竞争力的关键要素。

青少年是祖国的未来，是科技创新人才教育培养的起点。科技教师是青少年科学梦想的领路人。新时代，针对青少年的科学教育事业面临着新的要求，科技教师不仅要传播科学知识，更要注重科学思想与方法的传递，将科学思想、方法与学校课程结合起来，内化为青少年的思维方式，培养他们发现问题、解决问题的能力，为他们将来成为科技创新人才打牢素质基础。

发展科学教育离不开高素质、高水准的科技教师队伍。为了帮助中小学科技教师提升教学能力，更加深刻地认识科学教育的本质，提升自主设计科学课程和教学实践的能力，北京市科学技术协会汇集多方力量和智慧，汇聚众多科技教育名师，坚持对标国际水平、聚焦科技前沿、面向一线教学、注重科教实用的原则，组织编写了"科技教师能力提升丛书"。

丛书包含大量来自科学教育一线的优秀案例，既有针对科技前沿、科学教育、科学思想的理论探究，又有与 STEM 教育、科创活动、科学课程开发等相关的教学方法分享，还有程序设计、人工智能等方面的课例实践指导。这些内容可以帮助科技教师通过丰富多彩的科技教育活动，引导青少年学习科学知识、掌握科学方法、培养科学思维。

希望"科技教师能力提升丛书"的出版，能够从多方面促进广大科技教师能力提升，推动我国创新人才教育事业发展。

丛书编委会

2020 年 12 月

前 言

　　人类社会已经迈入了互联网时代，计算机和互联网已经与人们的日常生活、工作和学习息息相关，成为不可或缺的重要工具。计算机教育应面向社会，与时代同行。计算思维作为人类认识世界和改造世界的科学思维之一，应该与读、写、算能力一样成为每个人的基本能力。程序设计作为互联网、人工智能等各种高新技术的基础和核心，也是每个人应该了解和掌握的基本技能。我国《普通高中信息技术课程标准（2017 年版）》已正式将计算思维列为信息技术学科的核心素养之一。

　　本书内容共分为 4 章：第 1 章是计算思维概述；第 2 章是程序设计初识；第 3 章是课程设计与实践；第 4 章是综合实践教学案例分析。其中，第 1 章和第 2 章重点对计算思维与程序设计相关的基础知识进行了全面的介绍，属于科普性质的内容，讲解结合实例，力求简洁易懂。第 3 章和第 4 章属于案例介绍与分析，结合实际应用场景和实践活动案例，介绍计算思维和程序设计在解决实际问题和科普教育中的应用。

　　本书由李璠、朱丽君、张飞主编，洪亮、彭瑞文主审，全书由李璠统稿。参与编写的人员还有王志成、王广彦、曹盛宏、查思雨、张征。

本书勘误及
教学资源更新

　　本书编写力求做到由浅入深、层次分明、概念清晰，在选取案例时追求生动、通俗易懂，同时涉及的知识点尽量全面、实用且新颖。

　　由于编者水平有限，书中若有疏漏之处，敬请广大读者批评、指正。

本书编委会

2020 年 12 月

目 录

第 4 章

综合实践教学案例分析

81

C H A P T E R 4

01

计算思维概述

进入 21 世纪以来,"4C"能力,即批判性思维(Critical Thinking)、创造力(Creativity)、合作能力(Collaboration)和沟通能力(Communication)已经越来越普遍地被认为是 21 世纪学生应具备的核心素养。这种转变进而推动了在教学框架中更多采用诸如项目式学习、探究式学习等强调高阶思维的学习方式。

如今,计算科学已经在各个方面影响和改变着人们的工作、学习和生活。世界各地的教育越来越深刻地认识到,能够用计算机的方式解决问题,即进行逻辑和算法上的思考,并使用计算工具创建模型,实现数据可视化,正迅速成为所有领域专业人才应具备的重要能力。在此背景下,计算思维(Computational Thinking)越来越被认为是"4C"能力之外的第 5 种"C 能力",被积极引入世界各国的中小学课程。

2012 年,英国国家课程开始向所有学生介绍计算机科学;新加坡将计算思维作为"智能国家"计划的一部分,已将计算思维的发展列为"国家能力";美国呼吁所有中小学学生进行计算思维能力的培养,并作为 2016 年"全民计算机科学"计划的一部分。其他国家,例如,芬兰、韩国、澳大利亚和新西兰,都将计算思维引入学校课程。2018 年,我国教育部印发了《普通高中信息技术课程标准(2017 年版)》,其中,计算思维作为核心素养首次被列入信息技术学科教学的范畴。

1.1 计算思维的概念

人与人之间通过语言进行交流。不同语言背景的人,需要用大家都能听得懂的语言才能交流。人与计算机之间也是如此,人首先需要了解计算机,理解计算机表征和处理问题的方式,用计算机能够"听懂"的语言和它进行交流,才能让计算机完成我们想要让它完成的工作。

计算思维是一组解决问题的方法,它可以教会学生像计算机一样表述问题和解决问题,或者说它可以教会学生理解和模拟计算机是如何解决一个问题的。而且编程只是表象,掌握计算思维才能真正写出正确的程序。如果用写文章做比喻,那么编程语言就如同是不同语言,例如汉语、法语或日语等,而计算思维则是文章的构思、组织和内容。

1.1.1 用计算而思维

计算思维的概念最早起源于计算机科学领域,1996 年由麻省理工学院 Seymour

Papert 教授提出，而将其推到"台前"，使其开始受到广泛关注的则是美国卡内基梅隆大学的周以真教授。2006 年 3 月，周以真教授在《Communications of the ACM》期刊上发表并定义了计算思维，提出计算思维是运用计算机科学的基础概念进行问题求解、系统设计以及理解人类行为等涵盖计算机科学之广度的一系列思维活动。

简而言之，计算思维就是像计算机科学家一样思考或解决问题。它是一个思维过程，涉及理解问题并以一种计算机可以执行的方式表达解决方案。计算思维不仅与编程和自动化等概念相关联，同时还包括了逻辑、算法、模式、抽象、综合、评估等概念。同时，计算思维还可以将问题分解为子问题以便解决，其过程包括创建相关作品、测试调试、迭代细化等。计算思维还涉及合作与创作力。

计算机擅长快速处理简单且重复的问题。如何将复杂问题分解为简单易处理的问题，就显得格外重要。分解问题是计算思维的基本思路，即将一个大问题分解成计算机可以处理的小问题，然后逐步完成。计算机程序就是描述如何一步一步解决问题的过程。

要解决问题，首先需要进行问题分解。下面以日常生活中的一个场景为例进行说明。我们需要为朋友聚会准备几道美味的菜肴，准备的过程可以被分解为准备食材、烹制菜品、盛到盘子里。先后顺序不能颠倒，该问题的处理过程被称为"串行"。

培养学生处理复杂问题的能力时，最主要的一点就是让学生具备把复杂问题分解成简单问题的能力。在做任何事情之前都要认真思考，定义清楚问题以及问题所涉及的资源、目标、边界等，进而在分解问题的基础上，确定解决问题的方法和步骤。

例如，孩子写一篇作文的过程可以被分解为收集资料、写作提纲、撰写初稿、修改形成终稿四个过程。按照这样的思路，对于低年级的学生，可以按以下方法培养学生处理日常生活问题的能力。

（1）一件事如何分步骤进行，可以分成几个步骤？

（2）哪些大步骤可以再被分解成小步骤？

（3）哪些步骤可以同时进行，哪些不能同时做以及哪些可以找别人来做？

（4）哪些步骤需要一定条件才能进行？需要的条件是什么？

再如，出去旅行可以被分解成做计划、买票、收拾东西、出发等步骤。做计划，例如提前做好出行攻略，规划好出行路线，如果下雨就去博物馆，如果不下雨就去公园；然后用流程图画出来，并按照流程图实施，这样解决问题的方式就已经很像计算机的模式了。

目前，计算思维已经超越传统计算机环境中"为计算而思维"的学术观念，形成"用计算而思维"的数字化生存的普适理念，成为信息化社会中人们处理问题的一种重要思维方式。

1.1.2 关于计算思维的两个简单示例

1.1.2.1 三角形的判定

1. 背景引入

构成一个三角形的条件是两边之和大于第三边，通过设计"判定三角形"的程序，可以引导学生用计算思维的相关步骤和方法求解问题，进而培养学生的计算思维能力。具体可分为以下两步。

（1）基于问题关注点分析，构成三角形的条件是两边之和大于第三边。

（2）对这个问题进行抽象，把它用算法来表述。假设三角形的三边分为 a,b,c 那么应该同时满足 $a+b>c$，$a+c>b$，$b+c>a$。

2. 设计意图

选取更贴近生活的小问题，即创设情境，通过融合数学知识，使课堂变得更加生动，体会学习的综合性和趣味性。教师的重点是培养学生的计算思维能力，将计算思维求解问题的相关步骤用到算法中，通过不同的方法，如基于关注点分析、抽象和分解的方法，和学生一起探讨如何解决具体问题。通过对计算思维方式的学习，在以后遇到问题时，学生能够独立采用这种思维方式分析和解决问题。

1.1.2.2 包书皮

开学季，同学们在欣喜地拿到新书后，有一项重要的任务就是包书皮。有人会问，包书皮还能用到计算思维吗？当然！计算思维本身是人类的一种思维模式，是"与形式化问题及其解决方案相关的思维过程"。

1. 问题分解

计算思维认为，所有大的问题都是由小问题组成的。但是，对于包书皮这项"宏大的工程"来说，把所有书的书皮包好就是个"大问题"，这个"大问题"是由"包好语文书""包好数学书""包好英语书"等一系列小问题组成的。把每一本书全部包好书皮，小问题全部解决了，大问题也就解决了。

2. 模式识别

找到问题的相似性或者规律，可以有效地解决问题。我们发现，有些书，例如语文、数学、英语等课本的开本比较大，而它们对应的练习册开本比较小；有些书比较厚，有些书比较薄；有些书封面底色是绿色的，有些书封面底色是粉色的……这些都是相似性。找到了这些相似性，可以有效地帮助我们解决问题。

3. 抽象

在重要的事情上集中精力，把不需要的细节分离出来。包书皮最重要的是书的开本大小，厚度是次要的，而跟书封面的颜色没有关系。那么可以简单地把新书抽象成"大书"（16开）和"小书"（32开），因为"大书"和"小书"所用的材料尺寸是不一样的，所以在包书皮之前，可以把"大书"和"大书"所需的材料分别放在一起，"小书"和"小书"所需的材料放在一起，从而提高包书皮的效率。

4. 算法

包书皮也是有算法的。如果把算法认为是"解决问题的一系列具体步骤"，那就容易理解了。例如包书皮的一般步骤是：①定位中间书脊并固定；②粘好封面和封底；③刮平封面和封底上的气泡；④把封面和封底多出来的书皮折进去。同时，针对不同的书皮，应该还有不同的"算法"。

1.1.3　对计算思维的一些常见误解

关于计算思维的一个常见误解是"计算思维和编程是同一件事"，显然这种理解并不准确。编程是教授计算思维的常用工具，而计算思维却不仅是编程，而是在编程之前，用于理解问题、分析问题和制订解决方案的思维技能。同时，编程也不一定是计算思维过程的最终产物。

此外，计算思维也不应该与数字素养混淆。数字素养通常与技术相关，例如在教学中如何使用软件、数字工具和互联网等。计算思维不是关于如何使用数字技术，而是帮助了解如何通过运用计算工具设计数字技术。

1.2　计算思维的培养过程

1.2.1　部分国家的计算思维教育

在芬兰，算法思维和编程是数学（1~9 年级）和工艺（7~9 年级）课程的一部分，并作为实践活动支持其他课程的学习。其中 1~2 年级主要学习分步指令的原则，3 年级开始学习可视化编程，7 年级学习算法的原理，并理解不同算法的用处。

在法国，算法是数学课程的一部分，主要分为 4 个周期学习算法和编程。第一周期主要培养学生对周围世界的认知，帮助学生学会使用恰当的软件对空间运动信息进行编码；第二周期开始让学生理解简单的算法，并学会生成算法；第三个周期专注于所有学科领域的抽象化进程，开始正式学习编程；第四个周期主要培养学生的算法思维和逻辑思维。

在葡萄牙和奥地利，计算思维是信息通信技术和信息学课程的一部分，主要学习算法和编程的基本操作原理。

对于义务教育阶段计算思维的培养，欧洲多数国家常采用不插电计算机编程，即将计算机科学原理融入活动或游戏之中的方式，不仅教给学生科学知识，还能够让学生对计算机科学产生浓厚的兴趣。不插电计算机科学中对计算机工作原理的阐释可以激发学生的创造性，能够帮助学生更好地理解并运用计算机科学知识，更有效地激发学生的求知欲和创造力，让学生能够主动探索和积极思考，从而训练学生的计算思维能力，培养学生解决实际问题的能力，理解科学技术服务于生活、让生活更美好的本质。

1.2.2　计算思维的操作性定义

培养学生计算思维是世界教育的潮流和趋势，但计算思维不只是学生在信息技术课程中需要学习和掌握的内容，它也是教师应具备的一种基本技能，可以帮助教师利用计算机科学的核心原则，通过实践解决模糊、复杂和开放的问题，并渗透和应用到课程教学实践中。因此，提升教师的计算思维能力就显得十分重要。

为了帮助各国中小学教师解决计算思维培养的难题，国际教育技术协会（ISTE）

和美国计算机科学教师协会（CSTA）于 2011 年联合发布了 *Operational Definition of Computational Thinking for K-12* 报告，报告提出了计算思维的操作性定义，指出计算思维是一个用于解决问题的过程，包含但不局限于以下六个步骤：

（1）制订问题，并能使用外界工具帮助解决问题；

（2）符合逻辑地组织和分析数据；

（3）通过抽象方法（如模型、模拟）呈现数据；

（4）通过算法思想（一系列有序的步骤）制订自动化的解决方案；

（5）识别、分析和实施可能的解决方案，实现步骤和资源的有效整合；

（6）将问题的求解过程进行推广，并移植到更广泛的问题中。

1.2.3 K-12 计算机科学框架

2016 年 11 月，美国发布了《K-12 计算机科学框架》（K-12 Computer Science Framework）。该框架由美国计算机学会（The Association for Computing Machinery）、致力于在美国推广计算机编程教育的公益组织 Code.org、计算机科学教师协会（Computer Science Teachers Association）、网络创新中心（Cyber Innovation Center）以及国家数学与科学计划（National Math and Science Initiative）与多个州、学区协同开发。

该框架为 K-12 计算机科学教学提供了一系列核心的概念和实践，鼓励各州、学区和组织利用框架研发自己的标准、课程和教学方法。同时，框架也致力于帮助人们理解编程和数据如何与科学、历史、艺术等学科产生互动，为计算机科学教育普及提供了新的视角。

该框架指出，在 K-12 中计算机教育包含计算机素养、教育技术、数字公民、信息技术和计算机科学。计算机科学是所有计算的基础。计算机科学要培养学生的七大核心实践能力：创建全面的计算文化、通过计算开展合作、识别和定义计算问题、发展和使用抽象思考、创造计算产品、测试和改善计算产品、计算的沟通。这些实践是相互整合的，暗示了一个开发计算产品的循环往复的过程。此外，计算思维是计算机科学实践的核心。计算思维不仅是计算机科学家的专利，对每个普通人来说都是基本技能，可以帮助个人更好地阅读、协作、算数，应该将计算思维融入 K-12 教育对学生分析能力的培养中。

1.2.4 计算思维能力标准

2018 年 10 月 9 日，国际教育技术协会（The International Society for Technology in Education，ISTE）发布了《ISTE 教育者计算思维能力标准》（*ISTE Standards for Educators: Computational Thinking Competencies*）。这是 ISTE 公布的第 1 版针对教育者的计算思维能力标准，也是 ISTE 有史以来公布的第一个将 ISTE 教育者标准、K-12 计算机科学框架和计算机科学教师协会学生标准联系起来的标准。

与 2011 版计算机科学教育者标准相比，《ISTE 教育者计算思维能力标准》更侧重于计算思维能力，它帮助学习者学会像计算机科学家一样思考，利用计算思维能力进行创新和解决问题，从而为他们在数字时代更好地生活做好准备。

《ISTE 教育者计算思维能力标准》旨在帮助教师认识到他们需要哪些能力来整合教育环境中的计算机科学和计算思维。具体涵盖了五个维度，赋予教育者五种角色，并对每种角色所需的能力用 21 个指标进行详细说明。

1. 计算思维（学习者）

教育者通过加深对计算思维及其作为跨课程技能的理解，不断改进教育实践方式。教育者应该做到以下几点。

（1）拟订专业学习目标，制订和改善学生学科学习和计算机学习的教学策略，并将计算思维教学整合到每个学科教学实践中。

（2）知道何时使用及如何通过计算思维解决复杂、开放性的问题，并将其与基础教育计算思维实践和基本计算机科学概念进行联系。

（3）不断改进跨学科领域，整合计算思维的实践。

（4）在计算机科学和计算思维学习过程中，培养韧性和毅力，在模糊和开放的问题中建立舒适感，不断调整心态，并将失败视为学习和创新的机会。

（5）了解计算如何与社会发生作用，从而为个人和团体创造机遇。

2. 公正领导者（领导者）

所有的学生和教育者都有可能成为计算思维的践行者。教育者要摒弃学生不能很好地利用计算思维的刻板认识，提升学生的学习效率和自信心，满足不同学生的学习需求，并及时获取反馈和矫正偏差。教育者要能够做到以下几点。

（1）培养每个学生对于计算的自信、能力及积极的认同感。

（2）设计并实施学习活动，处理各种关于计算的道德、社会和文化观点，突出榜样的力量和团队的计算成果。

（3）选择有助于形成包容的计算文化的教学方法，保证所有学生公平参与。

（4）评价和管理课堂文化，以推动学生公平地参与。

（5）与学生、家长和领导者交流不同社会角色及不同职业生涯中计算思维的影响，探讨计算思维对学生至关重要的原因。

3. 围绕计算协作（协作者）

围绕计算的有效协作，要求教育者能够吸纳不同观点，认识到必须向学生教授协作技能。为促进学生协作、提高学习成效，教育者需要共同努力确定教学工具、设计学习活动和学习环境。教育者要能够做到以下几点。

（1）与学生一起学习如何制订问题的计算解决方案，如何提供和接收二次反馈。

（2）采取有效的教学策略，支持学生在计算方面的协作，包括结对编程、团队协作、平均分配工作量及项目管理等。

（3）与其他教育者合作创建跨学科的学习活动，以提高学生对计算思维和计算机科学概念的理解，和对所学知识在新情境中的应用。

4. 创造与设计（设计师）

学生可以创造出充分表达个人见解的计算产品。教育者应该意识到设计和创造可以培养学生的成长型思维，有意义的计算机科学学习体验和学习环境可以提升计算技能及激发计算信心。教育者要能够做到以下几点。

（1）设计能够获取、分析和表征数据的计算思维活动，支持不同学科的问题解决和学习。

（2）设计真实的学习活动，要求学生利用设计流程解决技术和人为约束的问题，并支持他们的设计方案。

（3）引导学生认识多元视角的设计和以人为本的设计在开发具备可用性产品中的重要性。

（4）构建重视和鼓励不同观点、激发学生的创造力和团队参与度、提升学生满意度的学习环境。

5. 整合计算思维（促进者）

教育者通过整合计算思维实践与课堂学习促进学生学习计算思维。计算思维是一种基本技能，教育者需要培养学生应用计算思维的能力。教育者要能够做到以下几点。

（1）评估和使用多种计算思维课程、资源和工具，以满足学生的需求。

（2）让学生选择对个人有意义的计算项目。

（3）使用多种教学方法，引导学生提出可以表示为计算机执行的计算步骤或算法的问题。

（4）建立使用多种形成性评价方法的评价标准，使学生能够展示与他们年龄相适应的计算思维词汇、概念和实践的理解。

《ISTE 教育者计算思维能力标准》将帮助教育者培养在课堂上实施计算机科学标准所需的技能，深化教育者的实践，促进教育者跨学科应用计算思维，让学生为未来的学习做好准备。教育者需要结合我国国情有选择地吸收和借鉴，能够在所有的 K-12 学科中整合计算思维，帮助学生成为利用计算科学创新和解决问题的计算思维者。

1.2.5 课例：找回密码

本节将通过一个案例说明如何在教学中运用计算思维操作性定义的六个步骤培养学生的计算思维能力。在教师引导下，学生通过六个步骤独立设计算法方案，更准确、快捷地解决数学枚举问题，并将其应用在更广泛的问题解决中。

1. 确定问题

小明不小心将笔记本弄脏了，笔记本上记录的 6 位数字密码中有两位数字受到污损看不清了（图 1-1），请想办法帮助小明找回完整的密码。

图 1-1　密码示意图

2. 符合逻辑地组织和分析数据

已知丢失的数字是 0~9 这 10 个数字中的一个，而且这两个数字分别有 10 种可能，因此小明的密码共有 10×10=100 种可能。

3. 通过抽象的方法呈现数据

由于这两位数字不能确定，我们可以用变量代替数字。假设第一位数字为 a，第二位数字为 b，那么完整的密码为 356ab0。

4. 制订出自动化的解决方案

梳理并执行步骤，画出检验密码的流程图，如图 1-2 所示。

5. 选择最有效的解决方案

学生 A 的解决方案如图 1-3 所示。

学生 B 的解决方案如图 1-4 所示。

学生 C 的解决方案为，10 位同学合作，每个人的 a 值分别选定为 0 至 9 中的一个，然后各自输入并检测 10 种可能的密码，就能找到正确的密码。

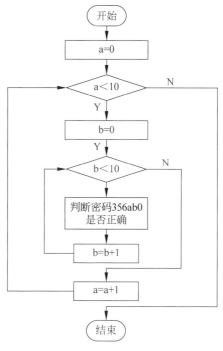

图 1-2　检验密码的流程图

a	0	0	0	0	0	0	0	0	0	0	1	1	1	1	1	1	1	1	…
b	0	1	2	3	4	5	6	7	8	9	0	1	2	3	4	5	6	7	…

依次输入密码：356000、356010、356020、356030、356040、356050……

图 1-3　学生 A 的解决方案

```c
#include <stdio.h>
void main( )
{
    int password[5]={3,5,6,0,0,0};
    int a,b,i;
    for(int a = 0 ; a < 10 ; a++)
    {
        password[3] = a;
        for(int b = 0 ; b < 10 ; b++)
        {
            password[4] = b;
            for(i = 0; i < = 5; i++)printf("%d", password[i]);
            printf("\n");
        }
    }
}
//用代码生成100种可能的密码
```

图 1-4　学生 B 的解决方案

6. 推广迁移问题解决方案

问题：每只母鸡 5 元，每只公鸡 3 元，小鸡 1 元 3 只。小明现在要用 100 元买 100 只鸡，请帮他计算有多少种购买方案。

　　除了解决数学问题，上述六个步骤还可以用于其他学科的教学，例如，利用思维导图写作文、列出历史事件的时间轴、画出细胞分裂过程图、学习发电机的原理等。计算思维包括编程但绝不仅是编程，其核心是程序化的问题解决。在课堂教学中，教师应该引导学生梳理思路并形成程序化方案，在问题解决中培养计算思维。

1.3　中小学计算思维教育框架

　　中小学阶段计算思维教育框架（图1-5）是指导开展中小学计算思维培养课程教学设计与课程开发的重要参考。

　　（1）计算思维的本质内涵按要素可以分为抽象归纳、结构分层、算法设计、调试优化、模式识别、泛化迁移六个步骤。从行为角度看，计算思维解决问题的系统性主要表现为确定问题、设计步骤、步骤实施、评估迭代、泛化推广和沟通协作六个方面。

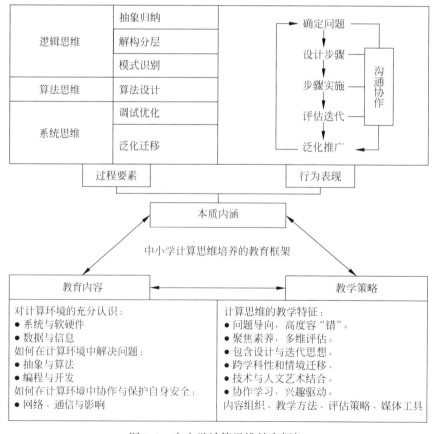

图 1-5　中小学计算思维教育框架

（2）计算思维的教育内容主要包括三大部分五大模块，分别是基础部分：对计算环境的充分认识，包括系统与软硬件、数据与信息两大模块；核心部分：如何在计算环境中解决问题，包括抽象与算法、编程与开发两大模块；重要部分：如何在计算环境中协作与保护自身安全，包括网络、通信与安全。

（3）计算思维教学策略以问题导向、高度容"错"，聚焦素养、多维评估，包含设计与迭代思想，跨学科性和情境迁移，技术与人文艺术结合，协作学习、兴趣驱动六个教学特征为基准，从内容组织、教学方法、评估策略和媒体工具四个维度实施。

1.4　深化对计算思维的理解

《普通高中信息技术课程标准（2017年版）》将计算思维纳入信息技术学科四大核心素养之一，指明计算思维致力于培养学生的问题解决能力。

新课程标准突出信息技术是一门基础课程，强调构建具有时代特征的学习内容，兼重理论学习和实践应用，将知识建构、技能培养与思维发展融入运用数字化工具解决问题和完成任务的过程中，让学生参与到信息技术支持的沟通、共享、合作与协商中，体验知识的社会性建构，从而成为具有较高信息素养的中国公民。

新课标详细阐述了什么是学科核心素养，对四个核心要素信息意识、计算思维、数字化学习与创新、信息社会责任进行了具体描述。其中，信息意识是指个体对信息的敏感度和对信息价值的判断力；计算思维是采用计算机方式界定问题，运用合理的算法形成解决问题的方案，并迁移到与之相关的其他问题的解决中；数字化学习与创新是指将信息技术作为工具，进行学习和创新；信息社会责任是指信息社会中的个体在文化修养、道德规范和行为自律等方面应尽的义务。新课程目标旨在全面提升全体高中学生的信息素养，强调了全面性和全体性。课程通过提供丰富的资源，帮助学生掌握概念，了解原理，认识价值，学会分析问题，形成多元理解能力，成为合格的时代公民。

然而，现阶段我国计算思维教育存在诸多误区，如将信息技术教学等同于计算思维培养，编程教学是计算思维培养的唯一方式等。出现以上误区的主要原因是教师对计算思维的理解不够深入，认为计算思维就是以计算机思考的方式解决问题，这些都将直接影响教师开展计算思维教育的效果。

要切实推进我国计算思维教育，需要充分认识以下两种观点。第一，计算思维培养不等同于信息技术教学，也不是由信息技术教师独立教授的。培养学生的计算思维需要所有教师共同努力。第二，计算思维并不只存在于程序设计中。最优路径、选择结构、信息意识等具体方法中都存在着计算思维，因此很多学科中都可以教授计算思维。

1.4.1　强调学科融合

计算思维是一种解决问题的方法，它适用于整个基础教育阶段，对于推进学科之间的融合有着重要的作用。《ISTE 教育者计算思维能力标准》强调通过日常课堂活动融合科学、技术、工程和数学技能的重要性，认为将 STEM 教学与常规课程相结合，会帮助学生通过现实问题更好地理解和吸收学习材料。我们将计算思维整合进传统学科，可以帮助学生在自身的认知体系中建立起跨学科课程之间的联系，培养跨学科解决问题的能力。

对于我国基础教育阶段而言，为实现不同学科之间的有机融合，培养学生的综合思维能力，有必要在分科课程的基础上增大跨学科教学的比例。创客教育和 STEM 教育均采用了跨学科的学习方式，注重培养学生的综合实践能力和创新力。在《ISTE 教育者计算思维能力标准》的指导下，教师可以帮助学生学习科学、技术、工程和数学技能。无论学生选择什么课程，教师均可以基于该标准找到将计算思维引入课堂的方法。

1.4.2　变革教学方法

将计算思维融入当前的中小学课程，无疑会给教师带来很大的挑战。教师应该通过构建自己对计算思维的理解，为学生树立学习的榜样，通过向学生展示计算思维的"建模过程"，帮助学生了解计算思维中的学习、反思和修订过程。《ISTE 教育者计算思维能力标准》鼓励教师在讲授式教学法的基础上，寻找创造性方法教授学生如何使用计算思维。教师应该通过思考特定学科的交叉点将计算机科学融入课程。

此外，根据《普通高中信息技术课程标准（2017 年版）》，教师教学时应紧密围绕学科核心素养，凸显"学主教从、以学定教、先学后教"的专业路径，具体从领会学科核心素养、把握项目学习本质、重构教学方式、创设数字化学习环境四个维度，引导学生全面提升信息素养，养成终身学习的习惯。

第一，领会学科核心素养，全面提升学生信息素养。在教学中能够从提高学生信息意识、引导学生亲历计算思维过程、创设数字化学习与创新环境、提升学生信息社会责任的角度设计和组织教学。

第二，把握项目学习本质，开展基于项目的学习。以信息技术学科核心素养养成为目标，在教学中，依托从整体到阶段的教学设计思路，在项目中渗透学科核心素养，整合知识与技能。

第三，重构教学组织形式，凸显学生学习探究性。在师生角色定位上，体现"学主教从"，学生是项目的设计者、实施者和项目成果的推介者，而教师则作为学生项目设计和实施过程中的引领者和咨询者。教学中，教师鼓励学生自主探究，在"尝试—验证—修正"的"试错"过程中，促进思维发展。同时，突出对学生个性化的指导，创建网络学习空间，通过组建互助小组，引导学生在交流互助中共同提升思维能力。

第四，创设数字化学习环境，提供丰富课程资源。教学中教师要将现实空间和虚拟空间相结合，便于改善学生学习方式，拓宽师生交流渠道。同时，围绕学科核心素养，用"互联网+"思维构建可持续发展的学习资源。

教师要转变课堂角色，作为学习者、公平领导者、设计者、协作者和促进者，从直接教学转向指导活动，向学生提出开放式的挑战和问题，发展学生的计算思维。实施这项变革，教师是最重要的因素。教师不仅是教学计划的参与者和制订者，更是执行者。

政府和学校需要为教师提供更多的资源和支持，如提供更多关于如何教授计算思维的例子、活动和想法，为教师提供正式的专业发展和培训渠道，以提高教学能力。

随着时代的发展，计算思维逐渐成为人的一种基本素养。计算思维的培养不应局限在信息技术课程的教学中，而是应该广泛地在各学科教学中得到应用。但如何真正地让所有学科教师掌握计算思维并将计算思维教育融入学科教学中，仍然是一条漫长而曲折的道路。

1.4.3 课例：食物链与图形化编程

1. 学习目标

学生能够用图形化编程语言创设一个动画情境，表示一个真实食物链的发展特征。

该项目活动对应的课程标准为《普通高中信息技术课程标准（2017 年版）》，其中，关于计算思维能力要求的有：通过抽象的方式（如模型、模拟）表示数据；设计算法形成自动化解决问题的方案；总结解决问题的方法，迁移至更宽泛的问题解决之中。

2. 活动过程

食物链与编程活动过程包括头脑风暴、问题讨论、动画演示、分组拓展等环节。

在头脑风暴环节，学生通过讨论画出草、兔子和鹰等生物在食物链中的结构图，抽象出鹰抓兔子、兔子吃草的相互关系，说明太阳与细菌分解的作用，从而通过抽象方法的运用实现计算思维的培养目标。

在问题讨论环节，针对问题（例如，如果让生态系统更复杂一些，需要增加什么物种）讨论哪些因素会改变草、兔子和鹰三者关系的平衡。

在动画演示环节，每位学生用图形化编程软件创设一个简单的动画情境，显示兔子吃草、鹰抓兔子这一食物链场景，反映出个人对食物链的理解。

在分组拓展环节，学生分组利用图形化编程软件创设一个加入其他因素后对食物链产生影响的预期场景，用以预测相关因素的变化对食物链的影响。

针对以上教学设计，可以做一个假设：这堂课的教学目标仅是通过分析草、兔子和鹰三者之间的关系让学生理解食物链的概念，不需要学生编写程序，而是用动画表示食物链中的相互关系。在教学中教师设计了相同的讨论环节，学生在画出草、兔子和鹰这些生物在食物链中的结构图过程中也使用了抽象的方法。显然，这里的"抽象"，是生命科学学科中分析问题、解决问题的一种方法。那么是否可以认为，因"抽象"方法的运用，实现了计算思维的培养目标呢？

在中小学计算思维教育的实践中，类似的问题还有不少。例如，在项目学习过程中，教师往往会引导学生将一个复杂的大问题分解成若干个简单的小问题分别解决，这一特征符合计算思维中的分解属性，即将整体的对象、问题、过程或者系统分解成单独的部分，因此，不少教师将这一教学过程归类到计算思维的培养。又如，运用生活中的算法培养计算思维，如泡茶过程，先烧水，然后洗杯子、找茶叶、放茶叶，水开后泡茶，这一过程可以尽可能地节省时间。

深入思考就会发现，前一个例子，将大问题分化为小问题逐一解决，是解决问题的一般方法之一。显然，计算思维不应该包括解决问题的一般方法，那么解决问题的一般方法与计算思维的边界在哪里？后一个例子，本质上是运筹学在生活中应用的一个实例，运筹学与计算思维的关系又是什么？

之所以在计算思维认识上出现偏差，甚至在计算思维教学实践上出现偏差，其中一个原因是缺少对计算思维所对应的学科进行追溯，没有建立计算思维的学科观。在日常的教学活动中，教师关注具体的教学内容，而对相应的学科背景的研究比较少。

3. 教学思考

在本课例中，如果对鹰、兔子、草三者关系的抽象，是以学习食物链原理为目标的，则显然不是计算思维的抽象。当学生得出鹰、兔子、草三者之间的关系时，思维的延续是对食物链的思考，已经偏离了计算思维的轨迹。如果学生在使用图形化编程工具实现自动化的基础上，梳理出"如果鹰遇到兔子，就抓兔子"和"如果兔子遇到草，就吃草"这样的规则，并且还可以一步步地绘制出"鹰抓兔子"或"兔子吃草"的操作步骤，那么，这里的抽象就属于计算思维中的抽象。其抽象方法的运用是为可计算判别和计算步骤构造服务的，是以自动化实现为目标的。学生在对鹰、兔子、草三者关系抽象的时候，始终是以计算环境为判别依据的。

针对本课例的分组拓展环节，如果学生运用程序模拟增加一个动物以后食物链的结构发生变化，预测食物链中相关因素的变化对食物链结构的影响，那么，这里的学生学习指向并不是计算思维，而是食物链的相关知识，计算机技术只是为学生深入理解食物链知识体系提供方便。如果学习目标是计算思维的培养，那么学生应该在已知食物链中相关因素的变化对食物链影响的有关知识基础上，运用计算学科的知识和方法，对食物链结构进行分析与抽象，设法用编程工具实现，这才是解决计算学科中的计算问题，才涉及计算思维的培养。在这个过程中，同样要判断是否可计算，考虑如何计算，还要考虑计算的开销，最终通过程序实现预设的功能。

通过对本课例的讨论，得到两方面的启示。

（1）计算思维是有学科背景的，忽视计算学科对计算思维的理解会出现偏差。

（2）计算思维类似于 STEAM 的多学科学习场景，有利于培养学生的综合能力，也为计算思维的培养提供了真实场景。但如果教师对计算思维的学科理解不透彻，反而会削弱计算思维的教学效果。

思维具有指向性，思维是一个过程，抽象不是计算思维的全部，只有以自动化为目标，经历了从抽象→形式化表达→构造→自动化的过程，才是计算思维的实施过程。并不是所有的抽象就一定涉及计算思维，在计算学科框架下，抽象的运用可能成为计算思维的一部分。英国从原来的信息通信技术（ICT）课程转向计算（Computing）课程，在中小学开展计算思维教育，提出了五个特征：抽象、分解、评估、算法思想以及归纳。其作为计算课程框架中的抽象，一定是指向自动化的。

从计算学科视角出发，可以分析类似的问题。在项目学习中，把复杂问题分解成一个个小问题，一步步地完成，这是问题解决的一般方法。如果对复杂问题的分解，是以这样的策略进行的——经分解的操作步骤，让一个完全不懂的人，按给定的步骤操作，最好是重复执行相同的操作，也能够完成项目，并且最好是重复执行相同的操作，那么，这样的任务分解方法，可以说具有一定的计算思维属性，说明分解后的操作步骤是可机械地执行的，即可计算的。这也从侧面说明了计算机作为计算的执行装置，只会机械地执行操作命令，是一种很"笨"的执行装置。

当然，一步一步地执行操作步骤是计算学科实现自动化很重要的因素。但计算学科在构造自动实现的过程中，还有很多学科方法和特征，这些方法和特征同样也可以反映在计算思维中，需要不断地探索与实践。坚持以计算学科视角分析计算思维，有利于认清计算思维的本质。

CHAPTER 2
第 2 章

程序设计初识

计算思维作为解决问题的一种方法，仅靠理论学习是无法习得的，必须通过大量实践才能够真正掌握。程序是计算机最基本的元素，程序设计则是培养计算思维最重要的、也是最有效的途径。

2.1 算法与应用

程序设计首先要了解要解决的问题，提出适当的解决办法和步骤，也就是算法。要让计算机执行算法，还需要通过计算机语言将算法转化为计算机可以"读懂"的程序代码，这个过程就是"编程"。狭义计算思维，研究的是如何把问题求解过程，转换成计算机程序的办法。著名的计算机科学家、Pascal 语言的发明者尼古拉斯·沃斯教授在谈及算法和数据结构的关系时，明确指出"程序就是数据在某些特定的表示方法和结构的基础上对抽象算法的具体表示"。由此可见算法在程序设计中的重要地位。

2.1.1 算法的概念

计算机与算法有着不可分割的关系。可以说，没有算法就没有计算机。算法是一种求解问题的思维方式，也是对事物本质的数学抽象。生活中处处存在着算法。例如，每天上班要做的事情，哪一件先做，哪一件后做；再如，去超市买东西，是选择打折商品还是原价商品，是选择保质期长的还是保质期短的食品等，都可以算作是"算法"。简单来说，算法就是解决问题的方法和步骤，方法不同对应的步骤自然也不同。进一步说，程序就是用计算机语言表述的算法，流程图则是图形化的算法。程序的目的是加工数据，而加工数据的方法则是算法。程序是数据结构与算法的同一，因此尼古拉斯·沃斯教授提出了下面著名的公式：

$$程序 = 算法 + 数据结构$$

这个公式的重要性在于不能离开数据结构抽象地分析程序的算法，也不能脱离算法孤立地研究程序的数据结构，算法必须指出执行过程中的每一步该怎么做。不是只有"计算"的问题才有算法，广义地说，为解决一个问题而采取的方法和步骤都可以称为"算法"。

计算机的算法可以分为数值算法和非数值算法两大类。

数值算法的目的是求数值解，主要以科学计算为目的。随着"数值分析"理论研究的发展，各类数学模型都对应设计了很多相应的算法。例如，对方程式求根有二分法、迭代法和牛顿法；解线性方程组使用消元法和迭代法等。在此类计算机算法中，数学运算占据主要地位。很多复杂计算常常转化为重复进行的简单计算。它们一般使用的数据结构相对简单，使用"简单变量"加"数组"基本可以满足需求。数值计算是计算机应用最早的领域，所以对这类算法的研究也相对较早。

非数值算法范围较广，最常见的是事务管理领域，诸如数据管理、实时控制以及人工智能等。在数值算法中，数学运算占据主导地位；在非数值算法中，通常是逻辑判断处于主导地位，数学运算次之。算法处理的内容相较于单纯的数值运算更为复杂，扩展到对数、图像和字符等信息的综合处理。这类算法使用的数据结构一般比较复杂，且对于算法的设计与选择往往依赖于处理对象所用的数据结构，因此这类算法的设计通常与数据结构联系在一起。

算法是计算机处理信息的本质，因为计算机程序本质上是一个算法，通过计算机确切的步骤执行一个指定的任务。当算法在处理信息时，会从输入设备或数据的存储地址读取数据，把结果写入输出设备或某个存储地址，供以后调用。

算法是独立存在的一种解决问题的方法和思想。对于算法而言，实现的语言并不重要，重要的是思想。算法可以有不同的语言描述实现版本（如 C、C++、Python 等）。算法具有五大特征。

（1）输入：算法具有 0 个或多个输入。

（2）输出：算法至少有 1 个或多个输出。

（3）有穷性：算法在有限的步骤之后会自动结束而不会无限循环，并且每一个步骤可以在可接受的时间内完成。

（4）确定性：算法中的每一步都有确定的含义，不会出现二义性。

（5）可行性：算法的每一步都是可行的，即每一步都能够执行有限的次数即可完成。

2.1.2 算法的表示

算法是解决问题的方法和步骤，是程序的灵魂。面对一个待解的问题，首先是人的大脑的思考与论证，产生具体的解决思路。所谓算法表示或描述，就是把大脑求解问题的方法和思路用一种规范的、可读性强的、易于转换成程序的形式或语言描述出来。

描述算法的方法有自然语言、图形化工具和伪代码。

下面先学习怎样使用这三种不同的表示方法描述解决问题的过程。以求解 sum=1+2+3+4+5+…+（n−1）+n 为例。

第 1 种求解过程如下。

使用自然语言描述从 1 开始的连续 n 个自然数求和的算法确定一个 n 的值；

假设等号右边的算式项中的初始值 i 为 1；

假设 sum 的初始值为 0；

如果 i ≤ n 时，执行求和，否则停止执行；

计算 sum 加上 i 的值后，重新赋值给 sum；

计算 i 加 1，然后将值重新赋值给 i；

输出 sum 的值，算法结束。

从上面描述的求解过程中不难发现，使用自然语言描述算法的方法虽然比较容易掌握，但是存在很大的缺陷。例如，当算法中含有多分支或循环操作时，很难表述清楚。另外，使用自然语言描述算法很容易造成歧义（称之为二义性），譬如"武松打死老虎"，既可以理解为"武松 / 打死老虎"，又可以理解为"武松 / 打 / 死老虎"。自然语言中的语气和停顿不同，就可能使他人对相同的一句话产生不同的理解。又如"你输他赢"，使用不同的语气说，可以产生截然不同的意思。为了解决自然语言描述算法中存在着可能的二义性，我们提出了第二种描述算法的方法——流程图。

第二种流程图法：使用流程图描述从 1 开始的连续 n 个自然数求和的算法，如图 2-1 所示。

从图 2-1 中可以比较清晰地看出求解问题的执行过程。在进一步学习使用流程图描述算法之前，有必要了解流程图中的一些常用符号。

流程图的缺点是使用标准中没有规定流程线的用法。流程线能够转移并且指出流程控制的方向，即算法操作步骤的执行顺序。在早期

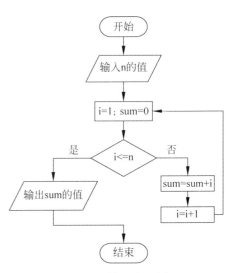

图 2-1　算法流程图

程序设计中，曾经由于滥用流程线转移，导致了可怕的"软件危机"，震动了整个软件行业，并展开了关于"转移"用法的大讨论，从而产生了计算机科学的一个新的分支学科——程序设计方法。

无论是使用自然语言，还是使用流程图描述算法，仅仅是表述了编程者解决问题的一种思路，都无法被计算机直接接受并进行操作。由此引进了第三种非常接近于计算机编程语言的算法描述方法——伪代码。

第三种使用伪代码：描述从 1 开始的连续 n 个自然数求和的算法。

（1）算法开始；

（2）输入 n 的值；

（3）i=1；/* 为变量 i 赋初值 */

（4）sum=0；/* 为变量 sum 赋初值 */

（5）do while i ≤ n /* 当变量 i ≤ n 时，执行下面的循环体语句 */

（6）{ sum =sum+i；

（7）i=i+1；}

（8）输出 sum 的值；

（9）算法结束。

伪代码是一种用来书写程序或描述算法时使用的非正式、透明的表述方法。它并非是一种编程语言，这种方法针对的是一台虚拟的计算机。

伪代码通常采用自然语言、数学公式和符号描述算法的操作步骤，同时采用计算机高级语言（如 C、Pascal、VB、C++、Java、Python 等）的控制结构描述算法步骤的执行。伪代码可以为不具备编程基础的人提供一种游戏化的、具有可操作性的计算思维的培养方式，也可以通过使用伪代码的方式锻炼计算思维。

下面是一个更简单的编写伪代码的例子。

IF 9 点以前 Then

  Do 私人事务；

ELSE IF 9 点到 17：30 THEN

  工作；

  ELSE

  下班；

END IF

2.1.3　常见的几种算法

虽然计算机科学的发展史并不长，但是仍然出现了很多经典的算法，仅一个排序问题，就有诸如冒泡排序法、快速排序法、选择排序法、插入排序法等多种算法。把所有算法都阐述出来是不可能的，也没有必要。对于没有编程基础，或者有简单编程基础的中小学生来说，对一些常见的经典算法有所了解就可以了。本书简要介绍几个较为经典的算法，在教学过程中，对有一定基础的高年级学生，可以从身边的事情出发，介绍一些与现实生活有紧密联系的、简单有趣的算法案例，以培养学生的计算思维。

2.1.3.1　排序算法

1.冒泡排序法

冒泡排序法是最经典的排序算法之一。示意图如图 2-2 所示，其基本原理是：比较相邻的元素，将比较小的元素放在前面，每遇到大的元素放在后面，后面排好序的数组元素不参与下一轮排序，最终得到一个按照升序排列的数组。下面将数组 [8,9,4,2,3] 里的元素进行排序。

图 2-2　冒泡排序算法示意图

第一轮比较：[8,9,4,2,3]

第一轮比较 1：[8,9,4,2,3]。8 和 9 进行比较，8＜9，所以两个元素位置不变；

第一轮比较 2：[8,4,9,2,3]。9 和 4 进行比较，9＞4，所以两个元素位置互换；

第一轮比较 3：[8,4,2,9,3]。9 和 2 进行比较，9＞2，所以两个元素位置互换；

第一轮比较 4：[8,4,2,3,9]。同理，9 和 3 位置互换，得到最大的 9，并且不参与下一轮排序。

第二轮比较：[4,8,2,3,9]

同理，第二轮排序最大数是 8，放在最后，依次得到每一轮的最大值，这样最小的数就在前面，大的在后面，最后得到的数组是 [2,3,4,8,9]。

从而得到上述的冒泡排序算法代码为

```
void Sort1(a[], n)
{
    for(i=0; i<n-1; i++)
    {
        for(j=0; j<n-i-1; j++)
```

```
    {
        if(a[0]>a[j+1])
        {
            int tmp = a[j];
                a[j] = a[j+1];
                a[j+1] = tmp;
        }
    }
    }
}
```

2. 选择排序法

选择排序法是对冒泡排序法的改进。其原理是在数组的所有元素中，找出最小（或最大）的元素（位置），将它与第一个位置的元素交换位置，然后再在剩余的元素中找出最小（或最大）的数据的位置，并与第二个元素交换位置，以此类推，便可以将所有元素排列成一个有序的序列。下面同样是对数组 [8,9,4,2,3] 中的元素采用选择排序法进行排序。

第一轮比较：[8,9,4,2,3]。找到最小值和 8 进行比较，即 2<8，所以 8 与 2 交换位置，得到新的数组为 [2,9,4,8,3]。

第二轮比较：[2,9,4,8,3]。在剩余数值中，最小值是 3，将其与第一轮的第二个元素 9 进行比较，即 9>3，所以这两个元素位置互换，得到新数组 [2,3,4,8,9]。

第三轮比较：[2,3,4,8,9]。在剩余元素中最小值为 4，即第三个元素，因此这一轮比较后不做改动，同理下一轮比较中也没有改动，最终得到数值 [2,3,4,8,9]。

可以得到排序代码为

```
void Sort2(a[],n)
{
    for(i=0;i<n-1;i++)
    {
        int minIndex = i;
        for(j=i+1;j<n;j++)
        {
            if(a[j]<a[minIndex])
            {
                minIndex = j;
            }
        }
```

```
        if(minIndex != i)
        {
            int temp = a[i];
              a[i] = a [minIndex];
              a[minIndex] = temp;
        }
    }
}
```

2.1.3.2 枚举算法

枚举算法也称为列举法、穷举法，是暴力策略的具体体现，又称为蛮力法。枚举算法的基本思想是：逐一列举问题所涉及的所有情形，并根据问题提出的条件检验哪些是问题的解，哪些应排除。下面通过猜扑克牌的案例解释枚举法。

1. 背景引入

（1）有15张扑克牌，其中有几张正面有标记，如果要从中找出标记过的扑克牌，应该怎么做呢？

（2）学习算法流程图并引导出新内容——枚举算法的概念。

（3）根据枚举算法的概念，请学生列举生活中关于枚举算法的实例。

2. 学生活动

（1）回答：依次查看扑克牌是否有标记。

（2）回顾思维流程与算法图，画出具体方案，如图2-3表示，并思考什么是枚举算法。

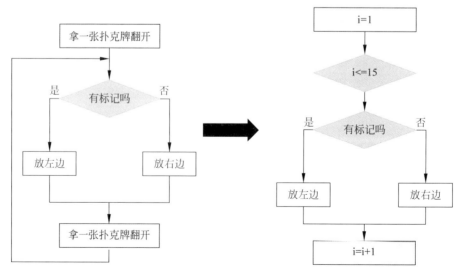

图 2-3　猜扑克牌思维流程和算法图

（3）学习枚举算法，并思考生活中的问题。例如在一筐梨中拣出坏梨；在一串钥匙中找到可以打开自己家门的钥匙等。

3. 说明意图

创设情景激发学习兴趣，引导学生进一步学习；回顾知识如何把算法转化成流程图及流程图中每一个图形的含义，体会运用计算思维中的抽象、构造猜想等基本思想；引出本节课要学习的枚举算法，并启发学生思维，对生活中的实例进行抽象和概括，让学生感受到算法无处不在。

2.1.3.3　斐波那契数列

斐波那契数列又称黄金分割数列，指数列：0，1，1，2，3，5，8，13，21…，即后一个数字是前两个数字之和。在数学上，斐波纳契数列直接被递归的方法定义：

$$f(0)=0$$
$$f(1)=1$$
$$f(n)=f(n-1)+f(n-2)(n \geqslant 2, n \in N^*)$$

这个级数与大自然植物的关系极为密切，几乎所有花朵的花瓣数都来自这个级数中的一项数字。例如，菠萝表皮方块形鳞苞形成两组旋向相反的螺线，它们的条数必定是这个级数中紧邻的两个数字（如左旋 8 行，右旋 13 行），又如向日葵花盘，它形成了一种自然规律。现在人们也将其应用于股票、期货技术分析中，在现代物理、准晶体结构、化学等领域也都有直接的应用，美国数学会从 20 世纪 60 年代起，出版了 Fibonacci Sequence 季刊，专门刊载这方面的研究成果。有趣的是，随着数列项数的增加，前一项与后一项之比越来越逼近黄金分割的数值 0.6180339887，这个数值的作用不仅体现在诸如绘画、雕塑、音乐、建筑等艺术领域，在管理、工程设计等方面也有着不可忽视的作用。所以人们可以利用这种规律，使用计算机模拟自然、创建人机对战的博弈游戏以及对金融走势进行分析等。

2.1.3.4　汉诺塔问题

汉诺塔问题是印度一个古老的传说。勃拉玛神在一个庙里留下了三根金刚石棒，第一根上面套着 64 个圆的金片，最大的一个在底下，其余一个比一个小，依次叠上去。庙里的众僧不停地把它们一个个地从这根棒搬到另一根棒上，规定可利用中间的一根棒作为辅助，但每次只能搬一个，而且大的不能放在小的上面。

通过计算不难发现，移动金片的次数 $f(n)$ 与金刚石棒上的金片个数 n 之间的关系为

$$f(n) = 2^n - 1$$

当 n = 64 时，f（n）的值将高达 18446744073709551615，按移动一次花费 1s 计算，需要约 5845 亿年才能完成，众僧即便是耗尽毕生精力也不可能完成金片的移动。这样的问题在现实中几乎是无法实现的，但可以借用计算机的超高速运算，在计算机中模拟实现。由此可见，借助现代计算机超强的计算能力，有效地利用计算思维，就能解决人类之前望而却步的很多大规模计算问题。

2.2　程序与程序设计语言

2.2.1　程序

程序是为解决某个问题，用计算机可以识别的代码编写的一系列运行步骤。计算机程序是一组指示计算机每一步动作的指令，通常是用某种特定的程序设计语言编写的。

一个计算机程序是一系列指令的集合。单独的一条指令只能完成计算机的一个最基本功能，例如一次加减法运算。虽然计算机指令所能完成的功能有限，但一系列的指令组合却能完成很多复杂的功能。一系列计算机指令的有序组合就构成了程序。

计算机指令在计算机中是由 0 和 1 组成的指令码表示的，这个序列能够被计算机所识别。如果程序设计直接使用 0 或 1 组成的二进制序列编写，那将是非常复杂并且难以实现的。因此，人们设计了程序设计语言，用程序设计语言描述程序，同时使用一种软件（如编译系统）将程序设计语言表达的程序，转换成计算机能够识别和直接执行的机器语言的指令序列。

2.2.2　程序设计语言的发展

程序设计语言是人们用来编写程序的手段，是人与计算机交流的语言，程序设计语言具有数据表达和数据处理能力。计算机程序设计语言的发展经历了第一代机器语言、第二代汇编语言、第三代高级语言和最新的第四代智能语言。

2.2.2.1　机器语言——第一代语言

机器语言是直接用二进制代码形式表达的指令，计算机能直接执行的低级语言，即用 0 和 1 组成的一串代码，有一定的位数，并分成若干段，各段的编码表示不同的含义。例如某台计算机字长为 16 位，即有 16 个二进制数组成一条指令或其他信息。16 个 0 和 1 可组成各种排列组合，通过线路编程让计算机执行各种不同的操作。

机器语言又被称为二进制代码语言，对于不同的机器就有不同的机器语言。用机器语言表达算法的运算、数据和控制十分烦琐，因为机器语言所使用的指令很初等、原始。机器语言只接受算术运算、按位逻辑运算和数的大小比较运算等。对于稍复杂的运算，必须逐一分解，直到分解为最初等的运算，才能用相应的指令替代。机器语言能直接表达的数据只有最原始的位、字节和字三种。算法中即使是最简单的数据，如布尔值、字符、整数和实数，也必须一一映射到位、字节和字中，并且还需给它们分配存储单元。对于算法中有结构的数据表达更要麻烦许多。机器语言所提供的控制转移指令也只有无条件转移、条件转移、进入子程序和从子程序返回等最基本的几种。用它们构造循环、形成分支、调用函数和过程需要做许多的准备，并且需要很多技巧。

2.2.2.2　汇编语言——第二代语言

为了减轻使用机器语言编写程序的烦琐和"痛苦"，人们进行了改进，用简单的英文字母和符号代替特定指令的二进制代码，例如用"ADD"代表加法，用"MOV"代表数据的传递等。这样就很容易读懂和理解程序，同时修改和维护程序也更加方便，于是就出现了汇编语言。

汇编语言比机器语言更加直观，它的每一条符号指令与相应的机器指令有对应关系，同时增加了宏、符号地址等功能。由于汇编语言可以直接操纵处理器、寄存器和内存地址等硬件资源，对于编写设备驱动程序、编译程序和操作系统等系统软件非常有用。使用汇编语言编写的程序不能被直接识别，因此需要一种程序将其翻译成机器语言，这种起翻译作用的程序叫汇编程序，汇编程序把汇编语言翻译成机器语言的过程称为汇编。

由于汇编语言采用了助记符号编写程序，所以比直接使用机器语言的二进制代码编程更方便，在一定程度上简化了编程过程。但汇编语言仍然十分依赖机器硬件，对于同一问题，在不同种类的计算机上所写出的汇编语言程序是不同的。

相对于后续发展的高级语言，汇编语言和机器语言更接近计算机底层，因此也被称为低级语言。正因为接近底层编程，程序直接操控硬件，所以低级语言有着执行效率高、速度快的特点，但是学习过程和编程调试难度都比较高，并且费时费力。

2.2.2.3　高级程序设计语言——第三代语言

在与计算机交流的过程中，人们设计了更接近数学语言或自然语言的程序语言，高级语言完全脱离了机器指令，用人们更易于理解的方式编写程序，更接近于科学计算的公式及问题，所以机器语言和汇编语言是一种面向机器的语言，而高级语言是面向科学计算和实际问题的语言。当然高级语言编写的程序不能直接由计算机执行，必须由翻译程序把它翻译为机器语言的程序，计算机才能执行。高级语言的翻译程序有两种形式：编译和解释。编译是将高级语言的源程序一次性转换成目标代码进行执行，特点是优化更充分，运行速度更快，例如 C/C++、Java；解释是将高级语言的源程序逐条转换成目标代码，同时逐条执行，特点是维护更灵活，可以跨多个操作系统平台，如 Python、JavaScript、BASIC。

高级语言主要有过程性语言、面向对象语言和专用语言三种。

过程性语言适用于顺序执行的算法。过程性语言编写的程序只有一个起点和一个终点，程序从起点到终点执行的是流程，是直线型，如图 2-4 所示。过程性语言有多种，其中问世于 1964 年的 BASIC 语言，发展至今已经经历了 GW-BASIC、QBASIC、Turbo BASIC 等几个版本，得到了广泛应用，其特点是简单易学。FORTRAN 语言是至今仍广泛应用于计算领域的过程性语言，是最早出现的高级语言之一，其用户非常广泛，包括数值分析与科学计算、结构化程序设计、超级计算机高性能计算、面向对象编程、并行编程等领域。最初作为设计 Unix 操作系统的 C 语言功能强大且十分灵活，并且高效简洁，可移植性强，被称为"最接近机器"的语言。

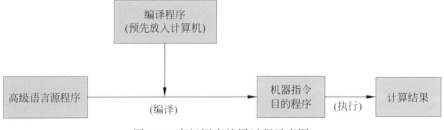

图 2-4　高级语言编译过程示意图

面向对象语言有很多，其中 Visual Basic 语言、C++、Java 语言生命力最强。Visual Basic 综合性较高且功能强大，具有图像设计工具、结构化的事件驱动编程模式，使用后可以快速、简便地编写出 Windows 下的各种应用程序。C++ 因其既有面向对象的能力，又与 C 语言兼容，并且保留了 C 语言的许多重要特性，所以是当前最受欢迎的面向对象程序设计语言之一。Java 语言与 C++ 语言很相似，它最大的特点就是平台无关性。它是一种独立于平台的语言，能够在不同的操作系统环境运行，如 Windows 和 Unix 环境下都可以运行同一个 Java 编写的程序，也正因为如此，它更适合于网络的应用开发。

专用语言作为另一种高级语言，是为特殊应用而设计的语言，通常语法形式根据不同的问题有所不同，输入结构和词汇表与该问题的相应范围密切相关。LISP、Prolog、APL 和 Forth 语言为其中的代表。LISP 和 Prolog 适用于人工智能领域，特别是关于知识表示和专家系统的构造；APL 是为素族和向量运算设计的语言；Forth 是为开发微处理机软件设计的语言，支持用户自定义函数，并且以面向堆栈方式执行，从而提高速度和节省内存。专用语言针对特殊用途设计，应用面窄，可移植性和维护性都较差。

2.2.2.4 智能语言——第四代语言

第四代语言上升到更高的抽象层次，尽管是用不同的语法表示程序结构和数据结构，但已不涉及太多算法细节。使用最广泛的第四代语言是数据库查询语言，流行的 SQL（Structured Query Language）结构化查询语言，支持数据库定义和操作，功能强大，简单易学。

程序生成器代表更复杂的一类第四代语言，只需要很少的语句就能够生产完整的第三代语言程序，不必依赖预先定义的数据库。此外，一些决策支持语言、原型语言、形式化规格说明语言也被认为属于第四代语言。

图 2-5 所示的是来源于 TIOBE 编程语言排行榜的、目前应用相对较广的编程语言。TIOBE 编程语言排行榜是编程语言流行趋势的一个指标，每月更新，这份排行榜排名基于互联网有经验的程序员、课程和第三方厂商的数量。需要注意的是，随着计算机科学和程序语言的发展，新类型的编程语言会出现，相关的应用也可能会被其他语言所取代，并且编程语言有其各自的适用性，因此在应用范围上会有所不同。例如，随着人工智能技术的发展，Python 语言的热度持续升高，而在传统的计算机图形学领域 C++ 语言仍占一定的主导地位。当然，各类编程语言的使用占比是一个动态数据，并不代表今后或过去都是如此。

Jun 2020	Jun 2019	Change	Programming Language	Ratings	Change
1	2	∧	C	17.19%	+3.89%
2	1	∨	Java	16.10%	+1.10%
3	3		Python	8.36%	-0.16%
4	4		C++	5.95%	-1.43%
5	6	∧	C#	4.73%	+0.24%
6	5	∨	Visual Basic	4.69%	+0.07%
7	7		JavaScript	2.27%	-0.44%
8	8		PHP	2.26%	-0.30%
9	22	≫	R	2.19%	+1.27%
10	9	∨	SQL	1.73%	-0.50%
11	11		Swift	1.46%	+0.04%
12	15	∧	Go	1.02%	-0.24%
13	13		Ruby	0.98%	-0.41%
14	10	≫	Assembly language	0.97%	-0.51%
15	18	∧	MATLAB	0.90%	-0.18%
16	16		Perl	0.82%	-0.36%
17	20	∧	PL/SQL	0.74%	-0.19%
18	26	≫	Scratch	0.73%	+0.20%
19	19		Classic Visual Basic	0.65%	-0.42%
20	38	≫	Rust	0.64%	+0.38%

图 2-5　目前应用最为广泛的编程语言

2.2.3　程序设计语言分类

2.2.3.1　结构化程序设计

结构化程序设计，由艾兹格·W. 迪科斯彻在 1965 年提出，是软件发展的一个重要的里程碑。其主要观点是采用自顶向下、逐步求精的程序设计方法；使用三种基本控制结构构造程序，任何程序都可由顺序、选择、循环三种基本控制结构构造。结构化程序设计是以模块化设计为中心，将待开发的软件系统划分为若干相互独立的模块，从而让完成每一个模块的工作变得单纯而明确，为设计一些较大的软件打下了良好的基础。结构化程序设计方法具有以下两个特征。

（1）采用自顶向下、逐步求精的程序设计方法。在需求分析、概要设计中，都采用了自顶向下，逐层细化的方法。

（2）使用三种基本控制结构构造程序，任何程序都可由顺序、选择、循环三种基本控制结构构造。其中，用顺序方式对过程进行分解，可确定各部分的执行顺序；用选择方式对过程进行分解，可确定某个部分的执行条件；用循环方式对过程进行分解，可确定某个部分进行重复的开始和结束的条件；对处理过程仍然模糊的部分反复使用以上分解方法，最终可确定所有细节。

结构化程序设计方法具有以下三个原则。

1. 自顶向下

程序设计时，应先考虑总体，再考虑细节；先考虑全局目标，再考虑局部目标。不要一开始就追求众多的细节，应先从最上层的总目标开始设计，逐步使问题具体化。

2. 逐步细化

对于复杂的问题，应设计一些子目标作为过渡，逐步细化。

3. 模块化设计

一个复杂的问题肯定是由若干相对简单的问题构成的。模块化是把程序要解决的总目标分解为子目标，再进一步分解为具体的小目标，把每一个小目标称为一个模块。例如输入一个数，输出该数以内的乘法表。解决该问题的结构化程序设计思路如图 2-6 所示。

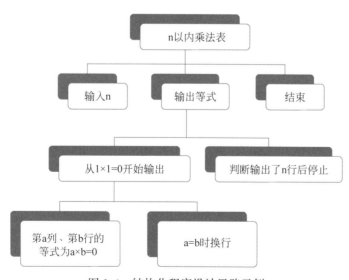

图 2-6　结构化程序设计思路示例

2.2.3.2　面向过程的程序设计

面向过程的结构化方法是一种较为传统的程序设计方法。面向过程设计方法的基本过程是把复杂问题进行分解，分段进行求解。从编程技术的角度来说，面向过程的程序设计在描述实体操作顺序时只需要采用"顺序、选择、重复"三种基本控制结构，在一定的数据结构基础上设计对应的算法。面向过程的程序设计中，问题被看作一系列要完成的任务，函数或过程是用于完成这些任务的条件。因此，最终解决问题的核心在于函数，而数据是在功能模块间的流动。可以总结出面向过程的程序设计基本问题是：

问题分解→针对分解后的问题划分模块→编码

因此，面向过程的程序设计方法也可以用于其他领域的问题求解，同样也包含了计算思维的含义，可以作为哲学上的方法论进行讨论。

对于大型或复杂问题的解决，首先需要考虑如何将其进行问题分解。例如，如何建设一所学校，其中包含学校基础建设、师资配备、招生等。对于教学建设，包括年级建设、学科建设、整体培养模式建设等。如果要建设学校的管理系统，首先要知道管理的对象和内容是什么，然后确定具体的功能。管理的对象可以包括教室、实验室、学生信息、教师信息等。而对于系统的功能则应包括学生个人信息统计、学生成绩管理、教师教学工作管理等。

以此类推，可以将问题自顶向下、逐步分解、细化为一个个小问题，得到如图 2-7 所示的示意图。

一个问题划分成多个子问题，一般是就程序的功能而言，划分好功能后就可以进行程序代码的编写。使用顺序、选择（条件）、循环三种基本结构及相互嵌套便可编写出复杂的面向过程的程序。

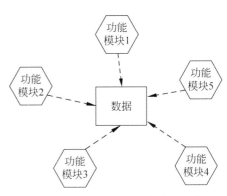

图 2-7　按功能分解的程序结构示意图

2.2.3.3　面向对象的程序设计

面向对象的程序设计是一种计算机编程架构，其基本原则是：计算机程序是由单个能够起到子程序作用的单元或者对象组合而成。面向对象程序设计是程序设计的新思维，它既吸收了结构化程序设计的优点，又考虑了现实世界与面向对象空间的映射关系，它所追求的目标是将现实世界问题的求解尽可能简单化。

面向对象程序设计将数据以及对数据的操作放在一起，作为一个相互依存、不可分割的整体进行处理，它采用了数据抽象和信息隐藏技术。它将对象及对对象的操作抽象成一种新的数据类型——类，并且考虑不同对象之间的联系和对象所在类的重用性。

面向对象的程序设计达到了软件工程的三个主要目标：重用性、灵活性和扩展性。为了实现整个运算，每个对象都能接收信息、处理信息和向其他对象发送信息。面向对象程序设计的优点如下。

（1）编程更加容易。因为面向对象程序设计更接近于现实，可以从现实出发，进行适当的抽象。

（2）可以使工程更加模块化，实现更低的耦合和更高的内聚。

（3）在设计模式上，面向对象程序设计更好地实现了开闭原则，使代码更容易阅读。

例如五子棋游戏，面向对象的程序设计思想认为五子棋可以分为以下三方面：

① 黑白双方的行为一模一样；

② 棋盘系统负责绘制画面；

③ 规则系统负责判断诸如犯规、输赢等。

学习面向对象程序设计语言课程有两个主要目标：一是理解有关程序设计语言的基本知识；二是初步掌握面向对象的程序设计思想。

要理解程序设计语言的基本知识，首先要清楚程序、程序设计、编写程序和程序设计语言等基本概念。程序是实体或者算法在计算机中的表示；程序设计则是确定要求解问题需要哪些实体，这些实体有怎样的属性、行为和约束，属性该怎样表示，行为该使用怎样的算法等的过程；编写程序则是在确定实体及其行为与属性后，使用某一种具体的程序设计语言表达的过程。编写程序前要进行程序设计，对于复杂问题还需要更多的前期工作。软件工程通常将软件开发过程分为分析、设计、编码、测试等阶段。程序设计是软件开发设计阶段的工作，而编写程序则是编码阶段的工作。

面向对象的程序设计方法继承了结构化程序设计方法的优点，同时又比较有效地克服了结构化程序设计的缺点。面向对象的程序设计思路更接近于真实世界。真实世界是由各类不同的事物组成的，每一类事物都有共同的特点，各个事物互相作用构成了多彩的世界。例如"人"是一类事物，"动物"也是一类事物；人可以饲养动物、猎杀动物；动物有时也攻击人……

面向对象的程序设计方法，要分析待解决的问题中有哪些类事物，每类事物都有哪些特点，不同的事物种类之间有什么关系，事物之间如何相互作用等，这跟结构化程序设计考虑如何将问题分解成一个个子问题的思路完全不同。面向对象的程序设计有抽象、封装、继承、多态四个基本特点。在面向对象的程序设计方法中，各类事物称为对象。将同一类事物的共同特点概括出来，这个过程称为抽象。对象的特点包括属性和方法两个方面。属性是指对象的静态特征，如员工的姓名、职位、薪水等，可以用变量表示；方法是指对象的行为以及能对对象进行的操作，如员工可以请假、加班，员工可以被提拔、加薪等，可以用函数表示。方法可以对属性进行操作，如加薪"方法"会修改"薪水"属性，"提拔"方法会修改"职位"属性。在完成抽象后，通过某种语法形式，将数据（即属性）和用以操作数据的算法（即方法）捆绑在一起，在形式上写成一个整体，即"类"，这个过程就称为封装。封装可将数据和操作数据的算法紧密联系起来。通过封装，还可以将对象的一部分属性和方法隐藏起来，让这部分属性和方法对外不可见，而留下另一些属性和方法对外可见，作为对对象进行操作的接口。这样就能合理安排数据的可访问范围，减少程序不同部分之间的耦合度，从而提高代码扩充、代码修改、代码重用的效率。以现有代码为基础方便地扩充出新的功能和特性，是所有软件开发者的需求。

结构化的程序设计语言对此没有特殊支持，而面向对象的程序设计语言通过引入"继承"机制，较好地满足了开发者的需求。所谓"继承"就是在编写一个"类"的时候，以现有的类作为基础，使新类从现有的类"派生"而来，从而达到代码扩充和代码重用的目的。

多态是指不同种类的对象都具有名称相同的行为，而具体行为的实现方式却有所不同。例如，游戏中的弓箭手和刀斧手都有名为"攻击"的方法，但是两者的实现方式不同，前者是通过射箭实现攻击，后者则是通过劈砍实现攻击。在面向对象的程序设计方法中，沃斯教授的公式应该变成：

$$类 + 类 + \cdots\cdots + 类 = 面向对象的程序$$

对于面向对象的程序设计方法来说，设计程序的过程就是设计类的过程。面向对象的程序模式如图 2-8 所示。

需要指出的是，面向对象的程序设计方法也离不开结构化的程序设计思想，在编写一个"类"内部的代码时，还是要用结构化的设计方式。面向对象程序设计方法的先进性主要体现在

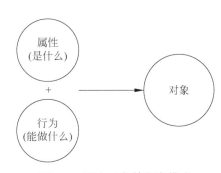

图 2-8 面向对象的程序模式

编写比较复杂的程序时。例如编写一个一百行的简单程序，并不一定要用面向对象的设计方法。几个函数就能解决的问题，一定要使用抽象、封装、继承、多态等机制，只会使事情变得更加复杂。

面向对象其实可以是一种思维方式，同样一个问题的解决过程，面向对象是把这个过程看作是对象之间的相互作用关系；而面向过程是把问题分成若干个过程，然后按一定顺序执行。

例如问题描述：小明用钥匙开门，然后打开灯。

面向过程的方法是，将问题分解成开门和开灯两个过程。这也是最容易想到的一种方法。

面向对象的方法是，将问题封装成人、钥匙、门、灯 4 个对象。而开门和开灯可以作为人这个对象的行为，对于门这个对象有开和关两个属性。

2.3　学习难度逐步降低的程序设计技术

2.3.1　面向特定行业的专用编程工具

程序设计语言是用来定义计算机程序的形式语言，用来向计算机发出指令。一种计算机语言能够让程序员准确地定义计算机所需要使用的数据，并精确地定义在不同情况下应当采取的行动。如 Java、C++、PHP、Python 等语言就是程序员经常使用的一些编程语言，这些编程语言的通用性较强，并不针对特定的社会行业。除了这些通用性编程语言外，也出现了很多面向特定社会行业的专用编程语言，如 MATLAB、LabVIEW、NetLogo 等。这些专用编程语言主要服务于科研人员、仪器开发人员，甚至社会科学研究人员，相对于其能够实现的功能，这些编程语言的学习难度明显降低，非常适合于非专业编程人员使用。

1. MATLAB

MATLAB 是美国 MathWorks 公司出品的商业数学软件，用于算法开发、数据可视化、数据分析以及数值计算等高级技术计算语言和交互式环境。该工具将数值分析、矩阵计算、科学数据可视化以及非线性动态系统的建模和仿真等诸多强大功能集成在一个易于使用的视窗环境中，为科学研究、工程设计以及必须进行有效数值计算的众多科学领域提供了一种全面的解决方案，并在很大程度上摆脱了传统非交互式程序设计语言（如 C、FORTRAN）的编辑模式，代表了当今国际科学计算软件的先进水平。MATLAB 可以进行矩阵运算、绘制函数和数据、实现算法、创建用户界面、连接其他编程语言的程序等，主要应用于工程计算、控制设计、信号处理与通信、图像处理、信号检测、金融建模设计与分析等领域。

如：解多项式 $x^3-6x^2-72x-27=0$ 的根。可在 MATLAB 交互式环境中输入如下代码：

```
p=[1 -6 -72 -27]
r=roots(p)
```

在交互式环境输出以下计算结果：

```
r=12.1229
-5.7345
-0.3884
```

2. LabVIEW

LabVIEW 是一种程序开发环境，由美国国家仪器（NI）公司研制开发，类似于 C 语言和 BASIC 语言开发环境，但是 LabVIEW 与其他计算机语言的显著区别是：其他计算机语言都是采用基于文本的语言产生代码，而 LabVIEW 使用的是图形化编程语言编写程序，产生的程序是框图的形式。LabVIEW 软件是 NI 设计平台的核心，也是开发测量或控制系统的理想选择。LabVIEW 开发环境集成了工程师和科学家快速构建各种应用所需的所有工具，旨在帮助工程师和科学家解决问题、提高生产力和不断创新。

使用 LabVIEW 开发平台编写的程序称为虚拟仪器程序，该程序主要包括三个部分：程序前面板、框图程序和图标 / 连接器。

程序前面板用于设置输入值和观察输出量，从而模拟真实仪表的前面板。在程序前面板上，输入量被称为控制，输出量被称为显示，控制和显示以各种图标出现在前面板上，如旋钮、开关、按钮、图表、图形等，使前面板更加直观易懂。如图 2-9 所示是一个温度计的程序前面板。

每一个程序前面板都对应着一段框图程序，用图形化编程语言 G 编写，可以将其理解成传统程序的源代码。框图程序由端口、节点、图框和连线构成。其中端口用来与程序前面板的控制和显示传递数据，节点用来实现函数和功能调用，图框用来实现结构化程序控制命令，连线用来描述程序执行过程中的数据流。上述温度计程序的框图程序如图 2-10 所示。

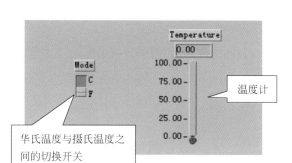

图 2-9 温度计的程序前面板

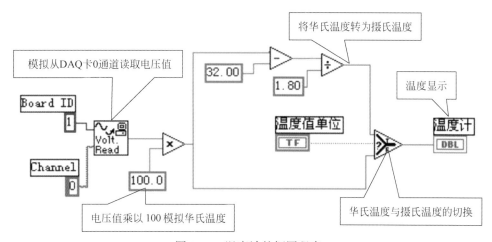

图 2-10 温度计的框图程序

注：图标/连接器是某个子虚拟仪器程序被其他虚拟仪器程序调用的接口。

3. NetLogo

NetLogo 是一个用来对自然和社会现象进行仿真的可编程建模环境。它是由 UriWilensy 在 1999 年发起的，由链接学习和计算机建模中心（CCL）负责持续开发，其研发目的是为科研教育机构提供一个强大且易用的计算机辅助工具。NetLogo 可以在建模中控制成千上万的个体，因此，NetLogo 建模能较好地模拟微观个体的行为和宏观模式的涌现及其两者之间的联系。NetLogo 是用于模拟自然和社会现象的编程语言和建模平台，特别适合模拟随时间发展的复杂系统。

如图 2-11 所示为一段简短的 Netlogo 程序代码。

这段程序代码的含义如下：

（1）to setup：开始定义一个名为"setup"的例程；

（2）clear-all：将空间重设为初始、全空状态；

（3）create-turtles 100：创建 100 个海龟（海龟指程序能够控制的各个主体），这些海龟的初始位置都在原点；

（4）ask turtles [...]：告诉海龟执行方括号中的命令；

（5）setxy random-xcor random-ycor：将每个海龟的 x、y 坐标调到随机位置处；

（6）end：结束"setup"例程的定义。

上述程序的运行效果如图 2-12 所示，100 个海龟随机散布在模型空间中。

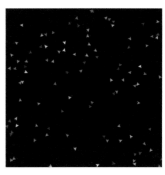

图 2-11　NetLogo 程序代码　　　　　　　　图 2-12　程序运行效果

2.3.2　功能日益强大的库函数

一种程序设计语言是否易学好用，除该语言自身的性能外，还与其所支持的库函数密切相关。库函数就是把实现各种功能的函数放到库里，供编程人员使用的一种方式。一般而言，库函数并不是编程语言的一部分，而是由编译程序根据一般编程人员的需要编制并提供给编程人员使用的一套程序。库函数极大地方便了编程人员，编程人员应尽可能多地使用库函数，这样既可以降低编程难度，又可以提高编程质量。

Python 是近年来非常流行的一种编程语言，该语言在解决数据科学任务方面始终处于领先地位。Python 拥有数量惊人的库函数，这些库函数可以帮助编程人员节约时间并缩短开发周期。本书列举一些在数据科学领域应用较为广泛的 Python 库函数。

1. NumPy

NumPy 是科学应用程序库的主要软件包之一，用于处理大型多维数组和矩阵，它大量的高级数学函数集合和实现方法使这些对象执行操作成为可能。

2. SciPy

科学计算的另一个核心库是 SciPy。它在 NumPy 的基础上功能得到了扩展。SciPy 主数据结构是一个多维数组，由 Numpy 实现。这个软件包包含了解决线性代数、概率论、积分计算和许多其他任务的工具。

3. Pandas

Pandas 提供了高级的数据结构和各种分析工具。这个软件包的主要特点是能够将相当复杂的数据操作转换为一两个命令。Pandas 包含许多用于分组、过滤和组合数据的内置方法以及时间序列功能。

4. StatsModels

Statsmodels 是一个 Python 模块，它为统计数据分析提供了许多帮助，例如统计模型估计、执行统计测试等。在它的帮助下，可以实现许多机器学习方法并探索不同的绘图可能性。

5. Matplotlib

Matplotlib 是一个用于创建二维图和图形的底层库。编程人员可以构建各种不同的图标，从直方图和散点图到笛卡尔坐标图。此外，有许多流行的绘图库被设计为与Matplotlib 结合使用。

6. Seaborn

Seaborn 本质上是一个基于 Matplotlib 库的高级 API。它包含更适合处理图表的默认设置。此外，还有丰富的可视化库，包括一些复杂类型，如时间序列、联合分布图和小提琴图。

7. Plotly

Plotly 是一个流行的库，它可以轻松构建复杂的图形。该软件包适用于交互式Web 应用程序，可实现轮廓图、三元图和三维图等视觉效果。

8. Bokeh

Bokeh 库使用 JavaScript 小部件在浏览器中创建交互式和可缩放的可视化。该库提供了多种图表集合，具有链接图、添加小部件和定义回调等形式的交互能力。

9. Pydot

Pydot 是一个用于生成复杂的定向图和无向图的库。它是用纯 Python 编写的 Graphviz接口。在它的帮助下，可以显示图形的结构，这在构建神经网络和基于决策树的算法时经常用到。

10. Scikit-learn

Scikit-learn 是基于 NumPy 和 SciPy 的 Python 模块，是处理数据的最佳库之一。它为许多标准的机器学习和数据挖掘任务提供算法，如聚类、回归、分类、降维和模型选择。

11. XGBoost/LightGBM/CatBoost

梯度增强算法是最流行的机器学习算法之一，它可以建立一个不断改进的基本模型，即决策树模型，是为了快速、方便地实现这个方法而专门设计的库。XGBoost、LightGBM 和 CatBoost 值得特别关注。它们都是解决常见问题的"竞争者"，并且使用方式几乎相同。这些库提供了高度优化的、可扩展的、快速的梯度增强实现，这使得它们在数据科学家和 Kaggle 竞争对手中非常流行，因为在这些算法的帮助下赢得了许多比赛。

12. Eli5

通常情况下，机器学习模型预测的结果并不是完全清楚的，而这正是 Eli5 需要应对的挑战。它是一个用于可视化和调试机器学习模型并逐步跟踪算法工作的软件包，为 Scikit-learn、XGBoost、LightGBM、lightning 和 sklearn-crfsuite 库提供支持，并为每个库执行不同的任务。

13. TensorFlow

TensorFlow 是一个流行的深度学习和机器学习框架，它提供了使用具有多个数据集的人工神经网络的能力。在最流行的 TensorFlow 应用中有目标识别、语音识别等。在常规的 TensorFlow 上也有不同的 leyer-helper，如 tflearn、tf-slim、skflow 等。

14. PyTorch

PyTorch 是一个大型框架，允许使用 GPU 加速执行张量计算，创建动态计算图并自动计算梯度。在此之上，PyTorch 为解决与神经网络相关的应用程序提供了丰富的 API。该库基于 Torch，是用 C 语言实现的开源深度学习库。

15. Keras

Keras 是一个用于处理神经网络的高级库，运行在 TensorFlow、Theano 之上。现在由于新版本的发布，还可以使用 CNTK 和 MxNet 作为后端。它简化了许多特定的任务，并且大大减少了单调代码的数量。

16. Dist-keras/elephas/spark-deep-learning

越来越多的程序测试用例需要花费大量的精力和时间，深度学习问题变得越来越重要。使用像 Apache Spark 这样的分布式计算系统，处理如此多的数据要容易得多，这再次扩展了深入学习的可能性。因此，Dist-keras、Elephas 和 Spark-deep-learning 都在迅速流行并不断发展，而且很难有某一个库"脱颖而出"，因为它们都是为解决共同的任务而设计的。这些包允许在 Apache Spark 的帮助下直接训练基于 Keras 库的神经网络。Spark-deep-learning 还提供了使用 Python 神经网络创建管道的工具。

17. NLTK

NLTK 是一组库，是一个用于处理自然语言的完整平台。在 NLTK 的帮助下，可以以各种方式处理和分析文本，对文本进行标记，提取信息等。NLTK 也用于原型设计和建立研究系统。

18. SpaCy

SpaCy 是一个具有优秀示例、API 文档和演示应用程序的自然语言处理库。这个库是用 Cython 语言编写的，Cython 是 Python 的 C 语言扩展。它支持近 30 种语言，提供了简单的深度学习集成，保证了健壮性和高准确率。SpaCy 的另一个重要特性是专为整个文档处理设计的体系结构，无须将文档分解成短语。

19. Gensim

Gensim 是一个用于有效实现语义分析、主题建模和向量空间建模的 Python 库，构建在 Numpy 和 Scipy 之上。它支持包括 TF-IDF、LSA、LDA 和 Word2vec 在内的多种主题模型算法，支持流式计算。尽管 Gensim 有自己的 models.wrappers.fasttext 实现，但 fasttext 库也可以用来高效学习词语表示。

20. Scrapy

Scrapy 是一个用来创建网络爬虫，扫描网页和收集结构化数据的库。此外，Scrapy 可以从 API 中提取数据。因为该库具有良好的可扩展性和可移植性，所以使用起来非常方便。

2.3.3　常见的青少年编程工具与平台

对于中小学的学生来说，计算机或者信息技术已经成为必学的课程和未来应该掌握的一项基本技能。在早期学习计算机和编程的方式有很多，在培养学生计算思维的过程中，必然少不了编程的学习，但是需要注意的是，学校不应把工具的掌握作为终点，而是要重点培养思维能力和解决问题的能力。市场上为中小学生进行编程学习的工具和平台很多，下面介绍几种较为常见的编程学习工具。

1. App Inventor

App Inventor 原是谷歌实验室（Google Lab）的一个子计划，由一群谷歌工程师和勇于挑战的谷歌使用者共同参与设计完成。谷歌的 App Inventor 是一个线上的 Android 系统程序环境，它抛弃了复杂的程序代码而使用乐高积木式的堆叠方法来完成 Android 程序的编写。除此之外，它也正式支持乐高 NXT 机器人，对于 Android 初学者或机器人开发来说是一大"福音"。因为对于想要用手机控制机器人的使用者而言，不需要华丽的界面，只要使用基本元件，如按钮、文字输入输出即可。App Inventor 于 2012 年 1 月 1 日移交给麻省理工学院，并于 3 月 4 日公布使用。App Inventor 适合较高年级的学生，可以帮助学生了解什么是手机编程。图 2-13 所示为 App Inventor 的界面。

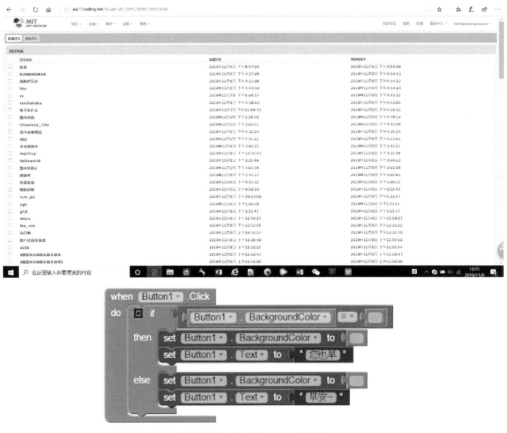

图 2-13　App Inventor 界面

App Inventor 的优点是容易操作，适合初学者，但是作为完全线上的平台，所有作业都必须在浏览器中完成。

App Inventor 提供了基于模块的工具，可以在比传统的编程环境更短的时间内编写出复杂的、影响力更强的应用程序。App Inventor 不仅局限于普通移动端应用程序开发，更可与机器人集成、软硬件结合，从而给编程提供了更多的乐趣和创新的可能性。App Inventor 现已可很好地控制乐高 EV3 机器人以及通过蓝牙设备与 Arduino 通信，为编程提供了无限可能。

2. GameMaker

GameMaker 是一款拥有图形界面，可灵活编程，以 2D 游戏设计为主的游戏开发软件，图 2-14 所示为 GameMaker 界面。该软件由 Mark Overmars 使用 Delphi 语言开发，并于 1999 年 11 月发布了首个公开版本，在 4.3 版之后转为部分功能收费软件。后由英国公司 Yoyogames 收购，大力推动了欧美甚至全世界独立游戏界的发展。

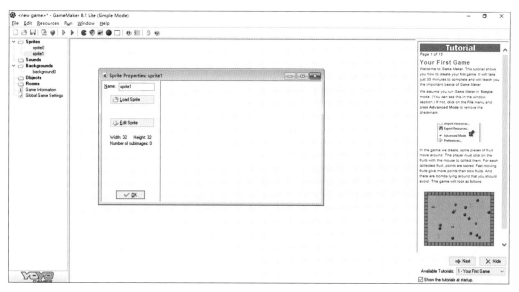

图 2-14　GameMaker 界面

GameMaker 以游戏开发为出发点，结合拖拽式和脚本语言编程，使青少年能开发出真正意义上的游戏。GameMaker 设计游戏过程中的一大特征是，可使用拖拽按钮进行游戏逻辑编排。

例如，我们在场景中放置两个球。要实现两球相撞时，A 球反弹，B 球爆炸的效果。

具体做法是在 A 球的碰撞事件，拖拽反弹按钮；在 B 球的碰撞事件，拖拽改变实例按钮，让 B 球变成爆炸动画；编辑爆炸动画对象；在动画播放结束事件，拖拽销毁按钮。如此便完成了功能的制作。

这里不要求具备编程基础，但需要一个符合编程过程的明确思路，也可以作为计算思维锻炼的一种，是真正意义上的"想到便能做到"。由此，GameMaker 为从未接触过编程，但热爱游戏的玩家迈入游戏编程世界，提供了一个特别便捷的途径，当然也为没有编程基础的中小学的学生培养计算思维和编程能力提供了很好的工具。

3. Greenfoot

Greenfoot 以 Java 语言为基础，富有游戏性和直观性的编程平台，使学习 Java 这种高级语言不那么枯燥。如图 2-15 所示，Greenfoot 是一个用 Java 语言创建二维图形程序的框架和 IDE 的结合体，支持 Java 的全部特性，特别适合练习可视化组件的编程。在 Greenfoot 中，对象的可视化和对象的交互性是关键。它适用于 12 岁以上所有年龄段的用户。不管是从趣味性还是从 Java 的标准性方面考虑，它都是一款适合新手学习 Java 的工具。

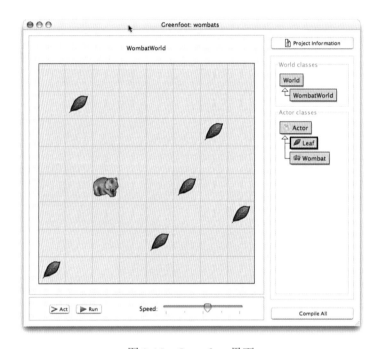

图 2-15　Greenfoot 界面

2.3.4　逐步渗透于青少年教育的编程思维

2006 年，卡内基梅隆大学的周以真教授提出了"人人都需要培养编程思维"的教育理念。她认为，编程思维是每个人的基本技能，不应该仅属于计算机科学家，应当将编程思维加入每个孩子的培养能力之中。

2013 年，斯坦福大学教育学院网站上的一篇文章 *Learning to code isn't enough*（只学写代码是不够的）再次强调了青少年学习程序设计的重要性，不仅要学习编写代码，更重要的是培养编程思维。

那么究竟什么是编程思维呢？其实它跟平时所说的"批判性思维"和"逻辑思维"类似，都是指人脑的某种理性思考活动。编写一个计算机程序，跟做一道菜，完成一个项目，管理一家公司，甚至治理一个国家，本质上都具有相同的目标——解决问题。以解决问题为导向，编程思维又可进一步分解为以下若干子思维模式。

（1）框架设计思维。开发一个软件，需要先做设计，搭架构；编写一段程序，也需要有大体框架，这种高屋建瓴、统筹规划全局的思维几乎在所有学习和工作中都要用到。

（2）问题拆解思维。编程者需要把复杂的问题拆解成一个个简单的问题，再逐个击破。这跟生活中很多事情类似，我们需要把一个复杂的大问题，拆解成更可执行、更好理解的小问题，从而有效地降低问题的难度。

（3）函数调用思维。编程者通常会把经常重复使用的运算过程先编写出来并储存为函数，需要时直接调用，然后根据调用的场景、前提条件的不同进行相应的改动，从而不用每次都重新编写。平时工作、生活中经常会用的模板，其实就是应用了函数调用思维，需要时直接使用，而不用每次都从头开始。

简单来说，培养青少年的编程思维就是培养青少年理解问题、找出解决问题方法的能力。编程思维符合现代教育理念，也符合现代家长对孩子未来的成长预期，可以说，日益被大家所认可的编程思维是推动青少年编程教育迅猛发展的根本原因。学习编程并不是让学生成为程序员，而是要学会编程思维。不管面对多么复杂的问题都能分解成一个个小问题，找到问题的关键和问题之间存在的关联，从而想办法将问题逐一解决，在这个过程中思维就显得尤为重要，这就是青少年编程所能带给孩子最重要的能力。

编程思维并不是编写程序的技巧，而是一种高效解决问题的思维方式。编程思维就是理解问题、找出路径的思维过程，一般而言该过程由分解、识别模式、抽象、算法四个步骤组成。

（1）分解：把一个复杂的问题，拆解成更可执行、更好理解的小问题。

（2）模式识别：找出相似的模式，高效解决细分问题。

（3）抽象：聚焦最重要的信息，忽视无用细节。

（4）算法：一步一步设计解决路径，解决整个问题。

如对于"整理明天上学的书包"这件事来说，可采用编程思维对其进行分析，如表2-1所示。

表 2-1 编程思维分析示例

编程思维	整理书包
分解：拆解问题	看课程表，把今天上课的书从书包取出，放入明天上课的书
模式识别：观察规律、趋势	发现今天和明天上的课，有些是重复的，有些是不同的
抽象：建立自己的模式	书包里保留今明两天重复上课的书，只取出明天不上课的书，放入明天上课的书
算法：设计步骤解决问题	判断今明两天是否有重复的课，如果没有，取出今天所有的书，然后放入明天上课的书；如果有重复的课，保留重复课的书，取出明天不上课的书，再放入明天上课的书

再如，在苏轼诞辰 980 周年时，清华附小的学生针对苏轼进行了一次大数据的分析，并且撰写了论文《大数据帮你进一步认识苏轼》。从这篇论文中能够看到编程思维在青少年教育中的逐步渗透，编程思维正以一种活泼直观的形式对青少年教育产生着潜移默化的影响。以下只选取该论文中的部分数据进行说明。

学生们通过一段程序对苏轼的 3458 首诗词进行了分词研究，找到了这些诗词中的高频词，其中排名前 50 的高频词如表 2-2 所示。

表 2-2 苏轼诗词中的高频词

词	子由	归来	使君	不见	故人	平生	人间	何处	无人	万里
出现次数	229	157	152	148	135	130	123	122	119	109
词	东坡	何时	明月	归去	西湖	白发	青山	江南	草本	唯有
出现次数	108	101	100	92	92	90	85	84	83	83
词	山中	风流	东风	不须	江湖	春风	可怜	明年	新诗	梅花
出现次数	80	78	75	73	73	72	70	70	68	66
词	风雨	当时	当年	佳人	闻道	清风	俯仰	道人	南山	太守
出现次数	66	66	63	62	61	61	60	60	59	57
词	饮酒	秋风	去年	黄州	公子	少年	回首	诗云	归路	何曾
出现次数	57	56	56	54	54	54	53	52	52	51

通过这些高频词，学生们也产生了一些疑惑。比如：他们发现"子由"出现在很多诗词中，共出现了 229 次，"子由"是什么呢？查阅资料后发现苏轼的弟弟苏辙字子由，苏轼几乎每到一个任所就给弟弟子由寄信赠诗，分别时更是如此，苏家兄弟情谊之深厚堪称文学史上的佳话，通过高频词也进一步印证了他们之间的情谊，研究表明苏轼是一个好哥哥。

"归来"这个词出现了 157 次，"归去"出现了 92 次，苏轼是在到处云游吗？学生们带着问题查阅了苏轼的生平资料，发现苏轼每次被贬谪结束之后，诗中"归来"出现的次数都会有所增加，苏轼这些"归来"诗，与他跌宕起伏的一生似乎存在着联系，他一直满怀忧国之情，总能将这些"归去归来"的经历，化作美好的文学意境。

随着计算机编程技术的不断演化，程序设计学习门槛不断降低，编程思维已被普通大众所接受，非专业编程人员也能够编写程序解决一些独特的问题，这些因素正是推动青少年程序设计教育迅猛发展的社会背景与技术背景。

青少年眼中的计算机与成人眼中的计算机是不一样的，并且不同年龄段的孩子对计算机的认知程度也不相同，因此应当针对不同年龄阶段学生的特点、认知规律和学习规律开展计算机程序设计教育。例如，低年级学生比较适合不插电编程和图形化编程，而高年级的学生可以学习代码编程以及硬件与软件的结合。应站在科普的角度引导青少年认识计算机，了解如何借助计算机帮助解决现实问题，培养学生的思维能力及有条理解决问题的能力。青少年学习编程，不应该只是单纯学会编写代码，掌握一项技能，或是培养一个兴趣，更重要的是掌握一整套高效解决问题的思维模式，即计算思维。拥有这种思维模式的孩子，在生活中通常会更加"聪明"，无论是在工作还是学习中，往往都头脑清晰，反应灵敏，做事效率也更高。

所以，人人都应该从小学习编程，因为它可以教会你如何思考。

03

课程设计与实践

计算思维培养重点在于培养学生利用计算的过程和方法，理解和解决现实问题的能力，其落脚点在于人，在于核心素养的锻造，在于能力的培养，在于思维的训练。

3.1 项目式课程设计

计算思维作为一种思维方式，需要在解决问题的过程中不断通过分析思考、实践求证、反馈调适而逐步形成。项目学习很大程度还原了学习的本质，基于真实情境的学习可以促进学生对信息问题敏感性、对知识学习的掌控力、对问题求解的思考力的发展。从认知科学、心理学和社会学等多角度来看，开展项目学习能够有效培养学生计算思维，促进核心素养的发展。

开展项目式学习课程设计与实施流程包括确定项目、制订计划、活动探究、作品制作、成果交流和总结评价，具体如图 3-1 所示。

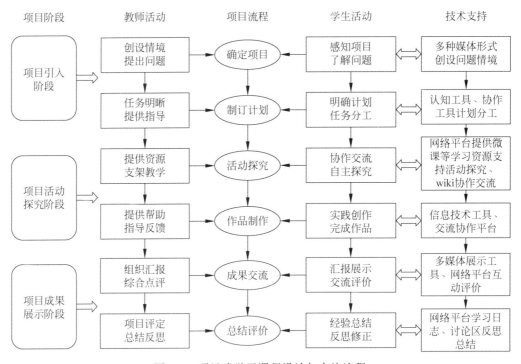

图 3-1　项目式学习课程设计与实施流程

3.1.1　如何进行项目设置

合理设置项目主要包括驱动性任务设计和项目式学习设计两部分内容。

在项目式学习过程中，驱动性问题的设计是关键步骤。良好的驱动问题能够使学生在项目学习过程中保持兴趣，激发深度思考与问题解决，引导学生完成挑战性任务。驱动问题的设计一般由项目组教师提出，再与指导专家共同研讨后确定。设计驱动性问题时，首先应保证紧扣项目学习目标，问题要具有一定挑战性，充分考虑学科知识重构中的应用领域与学科融合，与生活实际紧密相连。其次注重其开放性与难度，符合学习者的能力、特征，保证项目的可行性。

在完成驱动任务设计与项目式学习目标修订后，需要对项目式课程的核心过程进行精细化设计，将项目式学习的实施脉络清晰呈现。具体包括项目情境构建、项目活动设计、项目成果及评价方式设计、项目式学习所需资源与工具设计、项目计划制订等关键步骤。

3.1.2　项目式课程的关键要素

项目式课程设计包括任务介绍、任务分析、相关知识、任务实施、归纳总结、拓展提高、安排练习或者实训、课外学习指导等要素。

（1）任务介绍：主要介绍项目的环境和目的等。

（2）任务分析：介绍完成任务的思路，完成任务的技能点和知识点。这一环节要注重教师的引导作用，引领学生对工作任务进行分析，有针对性地提出解决问题的方法和技巧，并根据任务分析厘清解决问题的思路。

（3）相关知识：完成任务需要的背景知识，为实施任务做理论铺垫。

（4）任务实施：介绍任务完成的具体步骤，充分体现"做中学"的重要性。此环节应叙述完成任务的详细操作步骤，对每一步操作，一定要有该操作对应效果的描述或具体工艺效果、原理的叙述说明。

（5）归纳总结：主要介绍任务中的重要思想、方法、知识点等。由于这些知识不便于在操作步骤中描述，所以可以在此处描述。其中，可以在这一环节中增加"操作技巧"。

（6）拓展提高：主要介绍相关的理论、新知识等，或者任务难度较大的内容，是为了弥补项目实施步骤中没有介绍的或者不方便介绍的内容。

（7）练习或实训：此模块可以包括常规的填空、选择、判断、问答等题型，更重要的是实践题。

（8）课外学习指导：即教师为学生课外继续学习提供的建议、学习资源、参考书目、网址等，主要供学生学习参考使用。

3.2　以问题为驱动的课程设计

3.2.1　课程设计策略与冲突

课程设计的主要目标是确定学生要通过编程解决哪些问题以及据此应当掌握哪些知识。课程内容主要是确定学生应当通过什么路径实现课程目标以及据此产生的具体的学习内容。在设计青少年计算思维与程序设计课程时，应充分意识到青少年信息技术教育与成人信息技术教育和学科教育的区别，有针对性地设计青少年设计思维课程的目标和课程内容。然而，青少年信息技术教育在课程目标设计方面是存在冲突的，因为课程目标既要体现以问题为驱动的基本原则，又要兼顾计算思维与程序设计知识的具体学习，涉及两方面问题的平衡，二者关系处理不当容易产生冲突。

从课程目标中的以问题为驱动原则来看，青少年计算思维课程应重点突出"现实问题如何解决"，然后以问题为驱动带动相关知识的学习。而成人职业化信息技术课程和语文、数学、外语课程目前关注的是知识学习，然后以知识为驱动结合具体问题促进学生相关能力的提高。这两种课程目标的区别如图 3-2 所示。

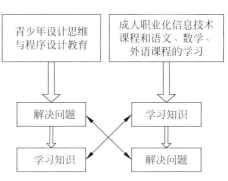

图 3-2　课程目标设计的比较示意图

因此，在设计青少年计算思维课程时，可将"问题解决"放在课程目标的首要位置，而将相关知识学习放在课程目标的次要位置。按照这种思路设计编程课程内容，符合青少年的学习现状和学习心理。从学习现状来看，计算思维与程序设计课程并不是强制性课程，属于素质教育范畴，学校和家长往往根据实际情况和个人认识决定学生是否学习，甚至认为是一种可有可无的课程。在这种情况下，突出课程的问题导向将会使课程的实用价值更容易得到体现，引起学生、教师、家长对于课程的关注；从学生学习心理来看，解决问题相对于知识学习趣味性更强，更容易吸引学生，从而使学生更容易接受课程。

从课程目标中的计算思维与程序设计知识学习来看，虽然以问题为驱动将会使课程更容易被人们所接受，但同时也会带来知识设计上的困难。因为以问题为驱动将会相对弱化编程知识的学习，从而产生需要什么，学习什么的尴尬局面，在一定程度上破坏了计算思维与程序设计知识的系统性和完整性。而且将知识体系打散为零碎的知识点，需要什么用什么，为课程内容设计带来了很大困难，如图3-3所示。按照这种课程目标设计课程内容，很难确保学生学习编程知识的完整性，容易导致知识点的不均衡学习，从而影响学生计算思维与程序设计能力的有序提升。

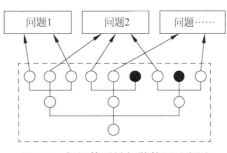

图 3-3　知识体系被打散使用示意图
● 未被学习的知识点

问题驱动原则与计算思维与程序设计知识体系之间是存在冲突的。如何在课程目标中既体现以问题为驱动的基本原则，同时又兼顾知识体系方面的完整性，是广大教育者应当格外关注的问题。如果只关注以问题为驱动的基本原则，而忽视知识体系的完整性，将会削弱多节课程之间内在的关联性，使课程内容非常松散，缺乏条理。

3.2.2　设计冲突的解决策略

有效的课程内容设计能够解决课程目标中问题驱动原则与知识系统性之间的冲突，但与此同时，也对课程内容设计提出了更高的要求。在开展课程内容设计时，教师应格外关注课程内容对于知识体系的全覆盖性，即以问题为驱动的课程内容能够覆盖学生应该掌握的所有知识，这样才能有效地解决课程目标的内在冲突，既体现以问题为驱动的课程目标设计原则，又体现课程内容对于计算思维与程序设计知识体系覆盖的完整性。如果课程内容设计不当有可能出现以下三个方面的问题。

（1）知识覆盖不全。有些知识在多节课程内容中都没有体现出来，形成学生在计算思维与程序设计学习上的盲点。

（2）重要知识被覆盖次数偏少。有些课程体系虽然在编程内容方面做到了全覆盖，涉及计算思维与程序设计知识体系中的所有知识点，但对于某些重要知识点的覆盖次数不够，难以达到使学生深入掌握该知识点的教学目的。

（3）有些重要知识点在单次课程中体现不明显。有些重要的知识点在单次课程中虽然有体现，但被放在了次要地位，不能达到应用的教学效果，出现覆盖无效或覆盖低效的问题。

由于尚未形成统一标准同时强调问题驱动，因此不适宜采用课程目标设计在先，课程内容设计在后的传统课程设计流程，否则又会回归到强调编程知识学习的思路上。对于青少年计算思维培养教育而言，课程目标设计和课程内容设计适宜同步进行。以问题为驱动是要服务于知识学习的，因此问题是表面现象，而知识学习却是内在特征，应当根据知识学习的内在规律和特点，科学选择和设计问题，以便开展教学工作。

课程设计可分为单节课程设计和课程体系设计，对于单节课程设计，可按以下流程操作。

（1）粗略确定学生需要掌握的知识点。有时可能很难找到能够恰好覆盖知识点的合适问题案例，因此在没有确定教学内容的情况下，知识点的确定宜粗不宜细、宜少不宜多，以便于课程目标的进一步调整。

（2）搜集能够覆盖知识点的教学素材，并分析其与知识点的匹配情况。此处会存在两种不匹配情况，一是教学素材超出编程知识点，这种情况需要增加知识点；二是教学素材少于知识点，这种情况需要减少知识点。若匹配程度难以达到课程目标要求，可对课程目标进行调整，根据现有教学素材调整课程目标的情况在课程实施过程中是很常见的做法。

（3）对教学素材进行提炼，形成驱动教学工作开展的问题。根据流程图，问题是在教学素材梳理过程中产生的，但是在课程实施过程中，却把问题逆向推到了首位。从这个角度来看，以问题为驱动实际上是一种课程设计技巧，问题从表面上看很重要，但实际是服务于知识学习的。

（4）将教学问题、计算思维与程序设计知识点合并，形成成熟的课程目标。

（5）以课程目标为指导，结合教学素材，进一步形成完整的课程内容。

最终确定课程目标与课程内容，从而完成课程设计工作。课程设计流程如图 3-4 所示。

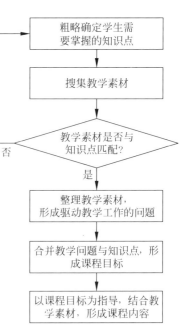

图 3-4　课程设计流程

课程体系是在大量单次课程基础上形成的,一套良好的课程体系应能解决课程目标中问题驱动原则和计算思维、程序设计知识体系之间的冲突,因此课程体系应满足以下要求。

(1)全覆盖要求。课程体系应覆盖知识体系中的所有知识点。

(2)均衡覆盖要求。课程体系对于知识点的覆盖次数要与知识点的学习重要性相匹配,实现均衡覆盖。

(3)突出覆盖要求。对于重要知识点,要突出其在课程内容中的重要性,要围绕该知识点专门进行课程内容设计。

3.2.3 单节课程设计案例

为了帮助读者更容易理解和应用前文所述的课程设计理念,本小节以循环模块和变量迭代算法为例,编制单节课程设计案例,供读者参考。

1. 知识点确定

循环模块和变量迭代算法是计算思维与程序设计学习中的重要知识点,拟设计一节课程使学生掌握循环模块使用方法以及迭代算法应用技巧。

2. 搜集教学素材

循环模块和变量迭代算法是程序中最为常见的组成部分,大部分程序素材中都涉及了这两方面的知识。但经过分析,发现有些素材不适合转化为课程内容。

(1)有的素材中,循环模块和变量迭代算法在程序中未处于主导地位,不利于突出循环模块和变量迭代算法作为学习重点的地位。如有些程序强调角色造型的设计,在造型设计方面会占用学生较大的精力,进而冲击循环模块和变量迭代算法作为学习重点的地位。

(2)有的素材学习难度较大,超出学生当前的理解能力。如汉诺塔自动计算程序,虽然结构及编写看起来很简单,但是却涉及了较为抽象的递归算法,学生理解起来有难度,也不适宜作为课程内容。

(3)有的素材过于简单,不利于调动学生的学习积极性。如小猫数数程序,能自动从 1 一直数到 100,非常便于理解"循环"模块和变量迭代算法。但该程序适合低年级学生学习,而本节课程主要针对高年级,该程序过于简单。

经过综合分析与比较,选取质数判断作为课程内容设计的依据。一方面,学生已学习过质数知识，难度适中；另一方面，以质数判断为依据设计课程内容，能够覆盖循环模块和变量迭代算法，并且循环模块和变量迭代算法在程序中处于主导地位。

但是，在质数判断程序中，需要用到余数模块，原有知识点中没有考虑，因此进一步调整课程目标，确定循环模块、余数模块的使用方法以及迭代算法应用技巧为本节课的知识点。

（1）立足于质数判断素材进行提炼，得到能够激发学生学习兴趣的问题。较小的数是否为质数很容易判断，但是如果遇到一个很大的数该怎么办呢？

（2）确定本节课的课程设计目标：掌握质数判断程序编写方法，掌握循环模块和余数模块的使用方法以及变量迭代算法应用技巧。

（3）在课程目标指导下，进行课程内容设计，形成能够指导课程实施的课程内容。遵循以问题为驱动的教学原则，通常采用问题方式对课程内容进行描述，如对于质数判断程序的学习，可采用以下问题概略描述课程内容。

① 如何分析某个数是否为质数？

② 如何将暴力破解的思路转化为程序？

③ 用手工方式逐一尝试可以吗？如果不可以，应当由程序自动产生 2，3，4，设置一个变量，并对其进行迭代。

④ 如何判断该数是否为合数？

⑤ 在什么情况下判断该数为质数？

3.3　学科交叉课程的设计

计算思维应在上下文情境中教授和学习，应嵌入具体的课堂科目中去。例如，分析和逻辑思维可以通过猜谜语和单词问题来培养。学习编程时开发计算思维技能是非常有趣实用的方法，但不是唯一的方法。学科交叉课程设计的目标是更加有意识地培养学生建立清晰明确的计算思维能力，将编程工具结合到一些活动中，利用可能的自动化和计算解决方案解决问题。以下是一些培养计算思维课程素材的来源，有些会受益于编程学习。

3.3.1　猜价格

1. 教师活动

教师手里有一块新买的手表，让学生猜一猜手表的价格。学生猜的同时，由教师输入答案，这个时候系统将会给出提示，提示所猜价格偏高、偏低或者回答正确。让学生回答问题，"这个程序是如何实现的？"引导学生进行总结归纳。

简单的数学知识启发学生：大家都知道一个数的绝对值 $Y = |X|$，当 $X \geqslant 0$ 时，$Y = X$，$X \leqslant 0$ 时，$Y = -X$；那么这个小程序是如何实现的呢？总结学生的答案，启发学生，学习选择结构的程序。

2. 学生活动

猜出价格，思考绝对值的程序和价格的程序是如何编写的，回答问题并进行归纳。

3. 设计意图

通过简单的小任务与简单的数学知识融合，启发学生的思维，让学生总结归纳程序是如何实现的，其中有哪个结构。本案例用到了计算思维中的启发和总结归纳的相关方法。

3.3.2　龟兔赛跑

1. 教师活动

以"龟兔赛跑"为例，教师向学生讲述龟兔赛跑的故事，引导学生对故事情境进行抽象建模。

2. 学生活动

根据故事场景进行抽象建模，画出故事梗概图和行为框图。

3. 设计意图

抽象是引导学生将真实复杂的问题与场景抽象化、简单化，提炼为有限的角色与舞台。建模是针对特定的角色进行归纳，梳理它的行为表现，主要包括自主发生的动作、按键事件触发的动作、与其他角色互动的动作、广播的消息事件触发的动作等。用行为框图帮助学生对准备开发的创意作品进行系统建模，使学生在设计角色和舞台时学会将场景的口头语言描述转化为程序设计语言。

本案例抽象与建模的参考示意结果如图 3-5 和图 3-6 所示。

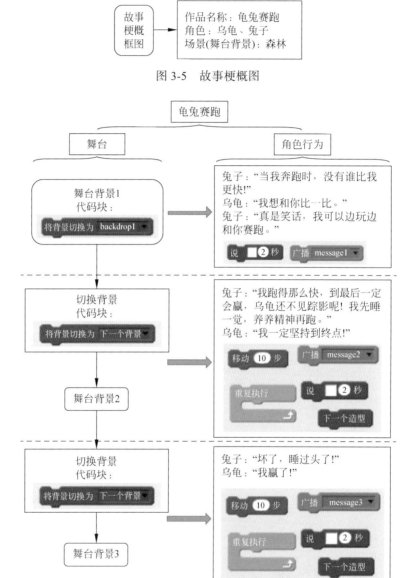

图 3-5　故事梗概图

图 3-6　行为框图

3.3.3　班级成绩统计

1. 项目描述

教师需要对初三（1）班学生的成绩进行统计分析，以便更好地进行教学。表 3-1 列出了班级 20 位学生的数学和语文成绩。

表 3-1 班级学生成绩表

学　号	1	2	3	4	5	6	7	8	9	10
数　学	73	84	95	62	87	75	97	84	72	93
语　文	87	83	98	74	76	81	68	98	90	96
学　号	11	12	13	14	15	16	17	18	19	20
数　学	63	85	89	90	68	77	78	81	78	80
语　文	79	88	76	79	66	90	76	100	73	79

从表 3-1 中需要提取以下信息。

（1）各科成绩的平均分、最高分、最低分。

（2）学生各科成绩排名和总成绩排名。

（3）各分数段的学生人数。

2. 项目分析

按照任务抽象、数据处理、程序设计三个步骤进行。

1）任务抽象

首先将成绩看成 20 组数据，将教师需要的成绩信息抽象为对应数据的处理，分别抽象如下。

（1）班级的平均分、最高分、最低分，即求出表示成绩的 20 个数中的最大值、最小值，即为最高分和最低分。将 20 个数值汇总后求平均值，即得到平均分。

（2）成绩排名，抽象为对应 20 个数的排序。

（3）统计分数段人数，可以抽象为分别对这 20 个数值根据范围进行条件判断。

2）数据处理

成绩表中的数据由学号和成绩两部分组成。在数据分析过程中，虽然主要是对成绩数据进行分析处理，但在结果输出时，还是需要提供与成绩相对应的学号。

学生的成绩可以定义为二维数组。在 Python 语言中，列表数据对象能很好地满足上述要求，而且列表对象还提供了很多方法函数进行数据处理。将表 3-1 中的成绩转换为列表数据类型如下：

```
>>> score=[[1, 73, 87], [2, 84, 83], [3, 95, 98], [4, 62, 74], [5, 87, 76],
    [6, 75, 81], [7, 97, 68], [8, 84, 98], [9, 72, 90], [10, 93, 96],
    [11, 63, 79], [12, 85, 88], [13, 89, 76], [14, 90, 79], [15, 68, 66],
    [16, 77, 90], [17, 78, 76], [18, 81, 100], [19, 78, 73], [20, 80, 79]]
```

列表 score 中共有 20 个元素，每个元素也是一个列表，该子列表由 3 个元素组成，对应一位同学的信息，第 1 个元素为学号，第 2 个元素对应学生的数学成绩，第 3 个元素对应学生的语文成绩。

3）程序设计

列表数据对象提供功能丰富的方法函数，利用列表的成员函数和 Python 的内置函数基本能完成上述的数据统计。

列表对象相关的成员函数有：append()。

Python 提供的内置函数有：max()、min()、sum()、len()。

（1）计算每个学生的成绩汇总步骤如下。

通过列表的方法函数 append()，将数学成绩、语文成绩以及数学成绩与语文成绩相加后追加到对应的子列表中即可。相应程序及运行结果如下：

```
>>> for i in range(len(score)):
        score[i].append(score[i][1]+score[i][2])
>>> print(score)
[[1, 73, 87, 160], [2, 84, 83, 167], [3, 95, 98, 193], [4, 62, 74, 136],
 [5, 87, 76, 163], [6, 75, 81, 156], [7, 97, 68, 165], [8, 84, 98, 182],
 [9, 72, 90, 162], [10, 93, 96, 189], [11, 63, 79, 142], [12, 85, 88, 173],
 [13, 89, 76, 165], [14, 90, 79, 169], [15, 68, 66, 134], [16, 77, 90, 167],
 [17, 78, 76, 154], [18, 81, 100, 181], [19, 78, 73, 151], [20, 80, 79, 159]]
```

（2）计算平均分、最高分和最低分步骤如下。

计算平均分利用内置函数 sum()，算出总成绩除以总人数即可。最高分和最低分利用内置函数 min() 和 max()。相应的程序及运行结果如下：

```
>>> sum([x[1] for x in score])/len(score)      # 数学平均分
80.55
>>> sum([x[2] for x in score])/len(score)      # 语文平均分
82.85
>>> min([x[1] for x in score])                 # 数学最低分
62
>>> max([x[1] for x in score])                 # 数学最高分
97
>>> min([x[2] for x in score])                 # 语文最低分
66
>>> max([x[2] for x in score])                 # 语文最高分
100
```

利用 Python 提供的内置函数，可以很便捷地得到平均分、最高分和最低分。如果自己编写程序，如何求出最高分或最低分呢？

求取一组数据中的最大值和最小值，常用的方法有排序法和假设法。

排序法是将要处理的数据进行排序，然后得出最大值和最小值。关于排序的算法在后续内容中讲述。

假设法是先取预处理数据中的第一个数据作为最大值，然后和后续数据依次比较，如果比较的数据大于最大值，则两者互换，直至最后一个数据，最小值求取过程类似。通过假设法求取最大值和最小值的程序流程图如图 3-7 所示。

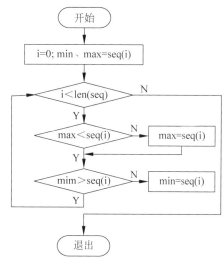

图 3-7 求一组数据中最大值和最小值流程图

使用 Python 的内置函数 sorted() 计算总成绩排名。按照总成绩和数学成绩的升序排名，当总成绩相同时，再根据数学成绩进行升序排名。程序及运行结果如下：

```
>>> totalScore=sorted(score,key=lambda x:(x[3]))
>>> print(totalScore)
[[15,68,66,134], [4,62,74,136], [11,63,79,142], [19,78,73,151],
 [17,78,76,154], [6,75,81,156], [20,80,79,159], [1,73,87,160],
 [9,72,90,162], [5,87,76,163], [13,89,76,165], [7,97,68,165],
 [16,77,90,167], [2,84,83,167], [14,90,79,169], [12,85,88,173],
 [18,81,100,181], [8,84,98,182], [10,93,96,189], [3,95,98,193]]
```

如要单独计算数学和语文成绩排名，对应的程序分别为

```
>>> mathScore=sorted(score,key=lambda x:x[1])      # 数学成绩排名
>>> languageScore=sorted(score,key=lambda x:x[2])  # 语文成绩排名
```

排序是计算机经常进行的一种操作，目的是将一组无序的数据调整为有序的记录序列。典型的排序算法有：插入排序、选择排序、交换排序、分配排序、归并排序。

下面简单讲述插入排序的实现过程。

插入排序是一种最基本的排序方法，是将第 i 个数据插入前面 i-1 个已排好序的数据记录中，具体插入过程如图 3-8 所示。

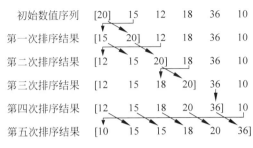

初始数值序列	[20]	15	12	18	36	10
第一次排序结果	[15	20]	12	18	36	10
第二次排序结果	[12	15	20]	18	36	10
第三次排序结果	[12	15	18	20]	36	10
第四次排序结果	[12	15	18	20	36]	10
第五次排序结果	[10	15	15	18	20	36]

图 3-8　直接插入排序示意图

（3）统计各分数段的学生人数，具体步骤如下。

定义一个列表对象 mathSectionScore 用于保存 60 分数段、70 分数段、80 分数段、90 分数段和 100 分数段学生人数，初始值都为 0。对应的程序为

```
>>>mathSectionScore=[[60,0],[70,0],[80,0],[90,0],[100,0]]
```

采用循环嵌套，将每个学生的数学成绩与列表中的分数段值进行比较，如果在该分数段内，则该分数段对应的统计数值加 1。程序和结果如下：

```
>>> for scoreItem in score:
    for i in range(len(mathSectionScore)):
        if mathSectionScore[i][0]<=scoreItem[1]<=
            mathSectionScore[i][0]+9:
            mathSectionScore[i][1]+=1
            break;
>>> print(mathSectionScore)
[[60,3],[70,6],[80,7],[90,4],[100,0]]
```

以上程序还有很多其他方式可以实现，例如使用字典的方法。同学们可以将分析得到的程序使用 matplotlib 库将数据进行可视化呈现。

3.3.4　老鼠试药

假设有 8 瓶外观完全相同的药水，其中只有 1 瓶药水有毒。现在通过老鼠喝药水的方法找出其中有毒的药水瓶。老鼠喝完有毒的药水，3 天后会死亡。问：3 天时间最少需要多少只老鼠，才可以找出有毒的药水。

分析如下：

（1）一共有 8 瓶药水，其中 1 瓶有毒；

（2）老鼠喝完有毒药水3天后会死亡，只有3天时间检测，也就是只有1轮的检测机会；

（3）要使用最少数量的老鼠。

步骤一：将8瓶药水从0～7编号并用二进制数表达，如表3-2所示。

表 3-2　药瓶编号二进制对照表

药瓶编号	药瓶编号对应二进制		
0	0	0	0
1	0	0	1
2	0	1	0
3	0	1	1
4	1	0	0
5	1	0	1
6	1	1	0
7	1	1	1
结果	M1 ✘	M2	M3 ✘

步骤二：由于0～7所对应的二进制数各不相同，按列分组，每只老鼠只喝该列为1所对应的药水。假设表中M1和M3列对应的老鼠死亡，则说明5、7瓶可能有毒；M2列对应的老鼠无恙，则说明7无毒；结论是第5瓶有毒。再仔细观察药瓶5对应的二进制数为101。

步骤三：三天后观察老鼠的状态。

步骤四：由此是否可以得出一个结论，如果每只老鼠只喝该列为1所对应编号的药水，3天后，如果该列对应的老鼠死亡，则对应的位置为1，否则为0。三列所组成的二进制就是有毒药瓶的编号。

最终的结论是，最少需要3只老鼠才可以检测出有毒的药水。

在通过算法解决实际问题中经常用到对二进制数的位操作。例如腾讯、网易等公共邮件提供商，必须设法过滤垃圾邮件。最直接的方法就是将垃圾邮件的地址存储在计算机中，遇到一个新元素时，将它和集合中的元素直接比较即可。一般来讲，计算机中的集合使用散列表来存储，优点是快速准确，缺点是耗费存储空间。当集合比较小时，这个问题并不明显，当集合规模较大时，散列表存储效率低的问题就显现出来了。

布隆过滤器（Bloom Filter）采用一个很长的二进制向量和一系列随机映射函数，在只需散列表1/8～1/4的大小就能解决同样的问题。

3.3.5 书生分卷

1. 项目描述

明代数学家程大位在其著作《算法统宗》中有过这样的描述：

书生分卷

毛诗春秋周易书，九十四册共无余，

毛诗一册三人读，春秋一本四人呼，

周易五人读一本，要分每样几多书，

就见学生多少数，请君布算莫踌躇。

释义：《毛诗》《春秋》《周易》共有94本，一群书生共同读这些书籍。平均每3个人合读一本《毛诗》，每4个人合读一本《春秋》，每5个人合读一本《周易》。问共有多少人读书，三种书分别有多少册？

2. 任务抽象

每3个书生读一册《毛诗》。假设《毛诗》有 x 本，那么学生数就是 3x 名。则

《春秋》本数：3x÷4；

《周易》本数：3x÷5。

则有

$$x + \frac{3x}{4} + \frac{3x}{5} = 94$$

$$\frac{20x + 3x \times 5 + 3x \times 4}{4 \times 5} = 94$$

$$\frac{47x}{20} = 94$$

$$x = 40$$

则《毛诗》为40（册）；《春秋》为 3x÷4=3×40÷4=30（册）；《周易》为 3x÷5=3×40÷5=24（册）。

3. 程序设计

上述内容是通过列方程计算得出的结果。那么，如何应用计算机编程计算得出想要的结果呢？下面通过图形化编程软件进行求解。

（1）初始。以《毛诗》为基本参数量，则学生数量为 3×《毛诗》，《春秋》数量为学生数量 ÷4，《周易》数量为学生数量 ÷5，如图3-9所示。

图3-9 基本参数的设定

（2）设计循环。以《毛诗》的本数为条件执行循环，确定循环的上限和下限，在不能确定《毛诗》数量的情况下，枚举全部数量 1~94 设置循环，如图 3-10 所示。

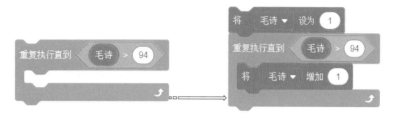

图 3-10　设计循环

因必须满足 3、4、5 分发的条件，所以把条件放到每一次的重复中，如图 3-11 所示。

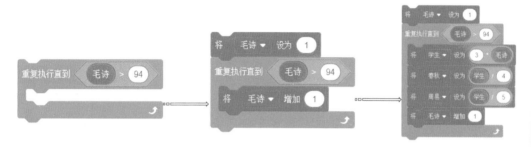

图 3-11　将满足分发的条件加入循环中

选定循环限定条件并加入程序中，如图 3-12 所示。

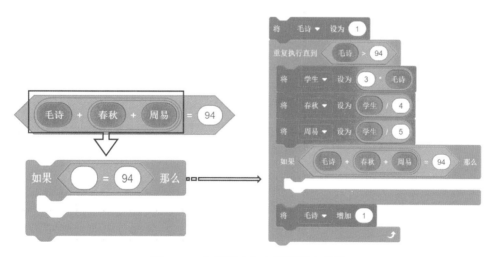

图 3-12　在程序中加入循环限定条件

图形化编程软件中没有调试功能，但可以添加使用让角色"说"作为调试（非必须），如图 3-13 所示。

图 3-13　加入调试

（3）存储和显示。将满足条件的数值组合存入变量，如图3-14所示。

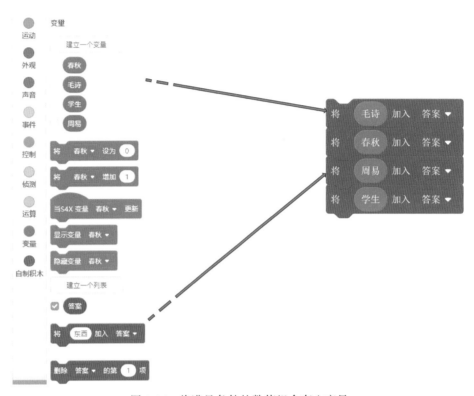

图3-14　将满足条件的数值组合存入变量

将满足条件的数值组合加入程序，如图3-15所示。

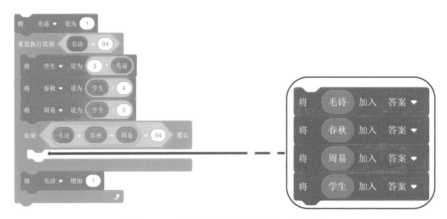

图3-15　将满足条件的数值加入程序

（4）完善程序执行逻辑。每次执行程序前，将答案内容清空；执行完成后，程序脚本停止，如图3-16所示。

（5）运行程序，输出结果，如图3-17所示。

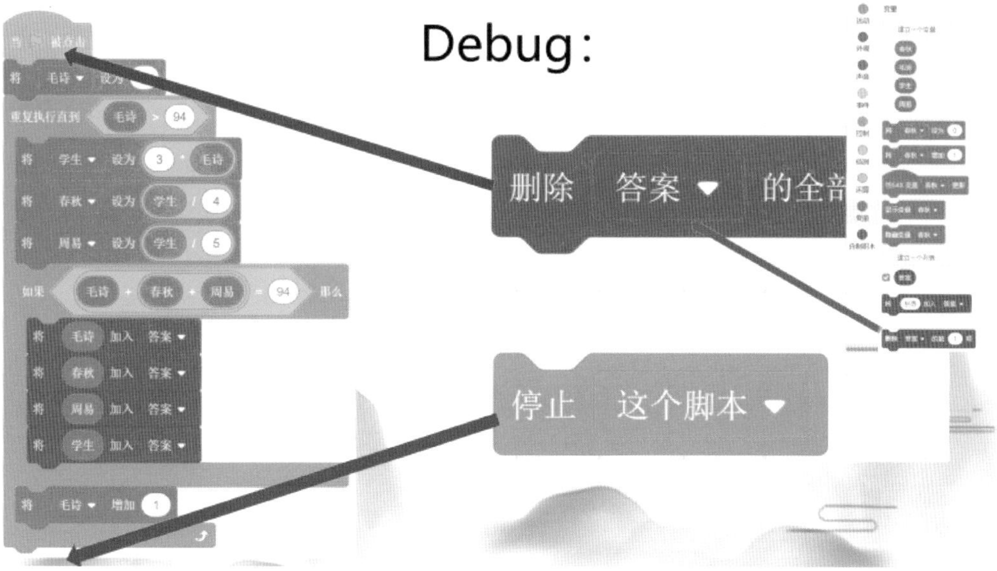

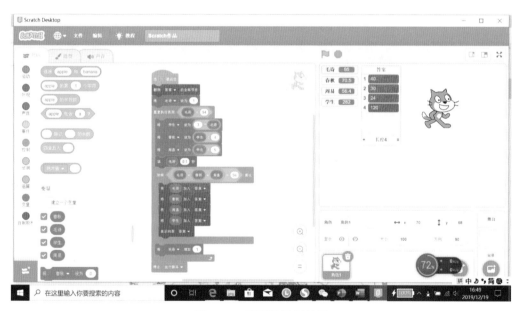

图 3-16　完善程序执行逻辑

图 3-17　程序及运行结果

3.3.6　百僧分馍

1. 项目描述

> 一百馒头一百僧，大僧三个更无争，
>
> 小僧三人分一个，大小和尚各几丁？

释义："百僧分馍"是一道中国古代算术名题，大意为"一百个和尚分一百个馒头，大和尚一人分三个，小和尚三人分一个，正好分完。问大、小和尚各几人？"。

2. 任务抽象

（1）设大和尚有 x 人，则小和尚有 100-x 人。根据题意列方程，得

$$3x + (100-x) \div 3 = 100$$

解得：大和尚 x = 25 人；小和尚 100-x = 75 人。

（2）设大和尚 x 人，小和尚 y 人，根据题意得

$$\begin{cases} x + y = 100 \\ 3x + y \div 3 = 100 \end{cases}$$

解得：x = 25 人；y = 75 人。

3. 程序设计

如何应用计算机编程得出想要的结果呢？

（1）初始设计。和尚总数等于 100，馒头总数等于 100，如图 3-18 所示。

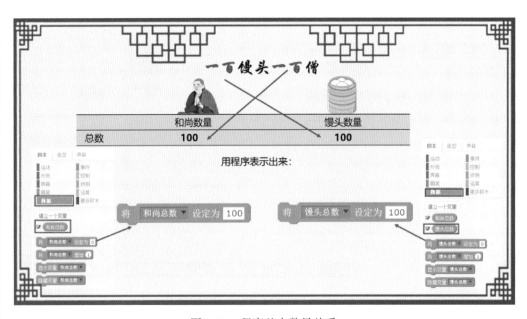

图 3-18　程序基本数量关系

（2）大和尚和小和尚满足的条件。大和尚的数量 + 小和尚的数量 = 和尚总数，大和尚的数量 ×3+ 小和尚的数量 ÷3= 馒头总数，如图 3-19 所示。

（3）程序运行逻辑。将大和尚初始值设为 1，小和尚数值为 99，设置循坏，每次判断是否满足大和尚的数量 ×3 + 小和尚的数量 ÷3 = 馒头总数。如不能满足，大

和尚数累加 1，继续馒头总数判断，直到满足条件为止。取出满足条件的数值，如图 3-20 所示。

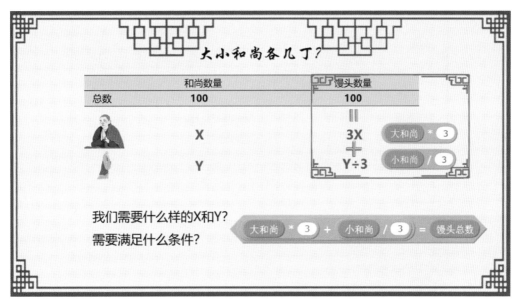

图 3-19　大小和尚和馒头总数的关系

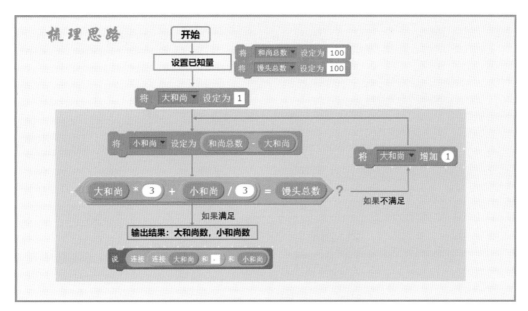

图 3-20　程序运行逻辑

在确定程序运行逻辑的基础上，将运行逻辑编写成程序代码，如图 3-21 所示。

（4）在上述基础上，完成程序设计，取出满足条件的数值，如图 3-22 所示。

（5）运行程序，输出结果，如图 3-23 所示。

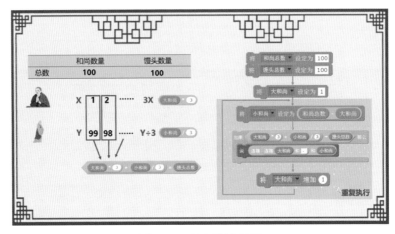

图 3-21 程序设计逻辑

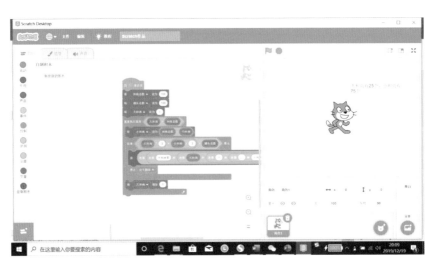

图 3-22 程序设计实现

图 3-23 程序运行结果

3.4 课程设计方案及参考案例

3.4.1 课程设计方案的构成

课程设计的结果为课程设计方案,通常用文字的方式体现出来。课程设计方案虽然没有统一的标准,但是通常应该包括以下四方面要素。

(1)教学目的:通过课程学习要达到什么目的。

(2)基本程序:学生应当学会编写基本程序,所以课程中的程序不能过于复杂,要确保所有学生都能理解和掌握,要确保教学目的的实现。计算思维过程和基本程序编写方法是课程设计方案的核心,据此衍生出课堂延伸和课外拓展相关内容。

(3)课堂延伸:在计算思维培养和掌握基本程序的编写的基础上,根据学生掌握程度的不同,预先准备一些学习内容,根据学生的不同学习需求,有针对性地分配给相关学生。

(4)课外拓展:在课堂教学完成后,给学生布置课后思考的问题,以便深化课堂所学知识。

其中课堂延伸和课外拓展部分,教师可灵活掌控,根据实际授课情况,对两者进行合理转化。如果学生学习情况较好,可将课外拓展部分内容转化为课堂延伸内容;如果学生学习情况不理想,可将课堂延伸部分内容转化为课外拓展内容,并适当压缩课外拓展内容。

由于课程设计方案是供教师使用的授课参考资料,教师以课程设计方案为蓝本,可进一步设计出符合个人教学特色的教案,因此课程设计方案不宜过细,以免制约编程教师主观能动性的发挥。同时描述文字要简洁直接,本书建议采用问题方式描述课程设计思路,这也符合以问题为导向的青少年信息技术教育理念。

本书立足于学校主干课程、科学知识普及、身边知识体验、文学艺术修养四个方面。下面分别选取相关课程给出相应的课程设计方案,方便读者参考。

3.4.2 "暴力破解质数"课程设计方案

本次课程的题目为"暴力破解质数",是立足数学课程设计的编程课程。

1. 教学目的

(1)掌握质数判断原理。

（2）掌握变量迭代思路。

（3）掌握"停止"和"求余"模块的使用方法。

（4）掌握自定义模块的制作方法。

2. 基本程序

"暴力破解质数"基本程序如图 3-24 所示。

（1）如何判断某个数是否为质数？（从 2 开始除，一直除到比该数小 1，若都存在余数，说明为质数）

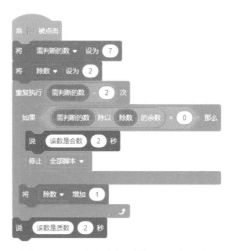

（2）如何将（1）中的思路变为程序，一个一个数字去除可以吗？

（3）显然（2）的思路不可行，应当由程序自动产生 2，3，4，……，还要设置一个变量记录该数列。

图 3-24 "暴力破解质数"基本程序

（4）如何判断该数是否为合数？（用"求余"模块）

（5）判断质数的思路是什么？（都存在余数即为质数）

3. 课堂延伸

（1）能否通过界面交互方式输入数字？

（2）能否减少判断次数？

（3）输入的数字为 1，程序判断为质数，如何解决该错误？

4. 课外拓展

拓展程序如图 3-25 所示。

图 3-25 程序拓展

（1）质数判断是一个很重要的程序，后面还要多次使用，有没有更简捷的使用方法？（采用自制模块）

（2）能否编写"分解质因数"程序？

（3）能否编写"哥德巴赫猜想"程序？

3.4.3 "视觉暂留笼中鸟"课程设计方案

本次课程的题目为"视觉暂留笼中鸟"，是立足科学知识普及设计的编程课程。

1. 教学目的

（1）掌握笼中鸟程序的编写方法。

（2）了解视觉暂留的基础知识，掌握搜索网络资源的技巧。

（3）掌握"下一个造型"模块的使用方法。

2. 基本程序

角色的两个造型分别为笼子和小鸟，程序运行后，两个造型不停切换，形成小鸟进入笼中的视觉效果，以验证视觉暂留现象。

可分为以下步骤开展授课。

（1）网上搜索鸟笼和小鸟的图片，如图 3-26 所示，并保存到计算机。

（2）创建一个角色，该角色有两个造型，采用图片导入的方式将这两个造型设置为鸟笼和小鸟。

（3）快速切换角色的两个造型，程序如图 3-27 所示，看看会出现怎样的视觉效果。

图 3-26　鸟笼和小鸟

图 3-27　切换角色程序

3. 课堂延伸

（1）如何设置视觉暂留时间？

（2）如何不断减少视觉暂留时间，以便观察在不同的视觉暂留时间条件下的视觉暂留效果？

（3）尝试实现"缸中鱼"的效果。

（4）编写如图 3-28 所示图片正看、倒看效果不同的程序（如按一下空格键图片旋转 15°，看看显示效果是如何发生改变的）。

图 3-28　正看、倒看图片

4. 课外拓展

尝试做一个短小的动画片。

3.4.4 "真假身份证"课程设计方案

本次课程的题目为"真假身份证"，是立足身边知识体验设计的编程课程。

1. 教学目的

（1）掌握身份证号码校验位程序的编写方法。

（2）了解身份证号码校验位的计算原理以及其他省份身份证号码的特征。

（3）掌握求余、列表等使用方法。

2. 基本程序

在程序中输入一个身份证号码，根据第 18 位的校验位对身份证号码的真假作出判断。身份证号码的校验位为第 18 位数字，其计算原理如下。

（1）将身份证号码前 17 位数分别乘以不同的系数，从第 1 位到第 17 位的系数分别为 7、9、10、5、8、4、2、1、6、3、7、9、10、5、8、4、2；

（2）将这 17 位数字和系数相乘的结果相加；

（3）用加出来的和除以 11，求余数；

（4）余数只可能有 0、1、2、3、4、5、6、7、8、9、10 这 11 个数字，其分别对应的最后一位身份证的号码为 1、0、X、9、8、7、6、5、4、3、2。

"真假身份证"程序设计如图 3-29 所示。

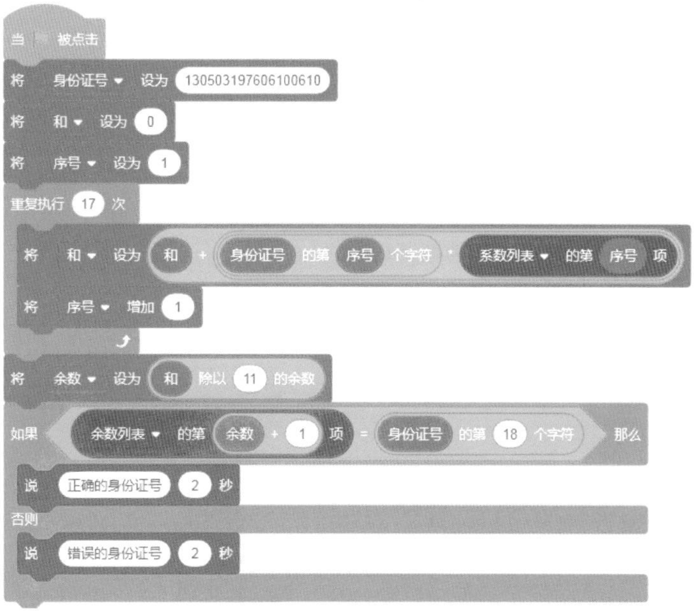

图 3-29　"真假身份证"程序

可分为以下步骤开展授课。

（1）如何计算 17 位数字的加权和？（可以逐个编写模块进行计算吗？——数量太多，程序编制很麻烦，可采用"有限循环"模块）

（2）如何求解除以 11 的余数？

（3）如何计算余数所对应的正确验证码？（用列表方式求解非常简单）

（4）如何进行身份证号码校验位的判断？

3. 课堂延伸

（1）如何采用交互式方式输入身份证号码？

（2）如何让角色说出"×××是正确的身份证号码"或者"×××是错误的身份证号码"？

（3）如何循环输入身份证号码？

4. 课外拓展

如何对身份证号码的其他特征作出判断？

（1）号码是否有 18 位？

（2）第 7~10 位是出生年份、第 11~12 位是出生月份，第 13~14 位是出生日期，这些数字是否也应该符合一定标准？

（3）第 17 位是性别标号，程序可依此判断该身份证主人的性别。

3.4.5 "根据图画猜古诗"课程设计方案

本次课程的题目为"根据图画猜古诗",是立足文学艺术修养设计的编程课程。

1. 教学目的

(1)掌握根据图画猜古诗程序的编写方法。

(2)掌握搜索网络图片资源的技巧。

(3)掌握背景切换方法。

(4)掌握变量迭代方法。

2. 基本程序

程序运行后会显示衣服图画,请玩家根据图画内容猜测古诗的题目,如图 3-30 所示。

可分为以下步骤开展授课。

(1)如何获得古诗图画?(可通过网络搜索获得图片素材,如图 3-31 所示。)

图 3-30　古诗图片(1)

"赠汪伦"图片

"静夜思"图片

"悯农"图片

"春晓"图片

图 3-31　古诗图片(2)

(2)将各个图片设置为背景。

(3)如何逐个显示每个背景?

(4)如何让玩家输入自己的答案?

（5）如何判断玩家回答是否正确？

"根据图画猜古诗"程序，如图 3-32 所示。

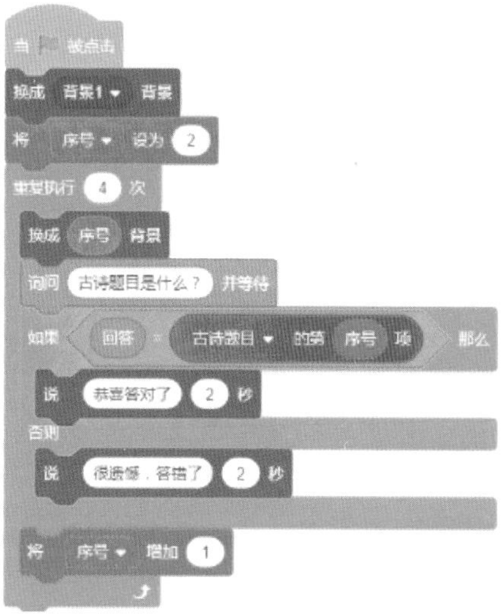

图 3-32 "根据图画猜古诗"程序

3. 课堂延伸

（1）如何统计得分？

（2）如何增加时间控制，避免答题时间过长？

（3）如何解决角色遮挡图画的问题？（在判断对错时使角色处于显示状态，其他时间角色处于隐藏状态）

（4）如何解决"询问并等待"模块遮挡图画的问题？（可将古诗图画适当缩小，在背景上留出足够的空白区，以显示"询问并等待"模块）

4. 课外拓展

（1）如果回答错误，如何让玩家重新回答？

（2）能否用角色显示古诗图画？

CHAPTER 4

第 4 章

综合实践教学
案例分析

　　本章为读者提供了计算思维课程的实践应用案例。从适用年龄到应用场景层层递进。本章的案例以游戏创意制作为主，创作游戏的好处不言而喻，对于学生而言，游戏是最好的学习方式之一，也最能够激发学习的动力，而由孩子创作游戏更会带来意想不到的收获和体验。

　　计算思维本身是一组解决问题的方法，解决问题的过程和方法是培养计算思维的关键，因此本章针对不同年龄的孩子采用不同的方式进行计算思维的培养。其中既包括程序设计的方式，也包含"不插电编程"。"不插电编程"即为脱离计算机采用游戏的方式进行计算思维的培养。

　　4.1 节是面向 5～6 岁儿童的课程案例，以一次活动的形式，让学生抛开计算机，仅使用类似于纸杯这样的简单工具，体验分解、抽象、迭代等过程，锻炼计算思维能力。

　　4.2 节是面向 6～9 岁的小学低年级学生的案例，以一次课的形式，让学生在户外游戏中，体验计算思维的运用过程和奇妙之处。过程中仍然不需要使用计算机，但是需要大量的肢体活动和游戏时间。

　　4.3 节是面向 9～14 岁的小学高年级学生和初中生的一套课程，目的是提升学生运用计算思维、综合各学科知识、解决问题的能力。过程中会运用 Piskel、Garageband 等软件，充分释放学生的创造力。

　　本章的三个案例均来自清华大学终身学习实验室的课程研究成果。

4.1　Cups 课程设计方案

4.1.1　课程准备

1. 课程内容

　　本活动通过让学生观看 Cups 的视频，利用伪代码将视频中整套动作分解为较小的部分进行学习，最终由小组配合完成游戏。活动过程中，理解计算机处理工作中的合成与分解，学习计算思维中的分解、抽象、调试等维度的含义。

2. 教学目标

（1）理解"指令"的含义。

（2）学习伪代码，理解编程的含义。

教学资源

（3）学习计算思维中的分解、抽象等维度的含义。

3. 课程时长

活动时间为 45～60min。

4. 教学准备

教学课件、Cups 音乐视频、每人一个纸杯。

4.1.2　教学过程

1. 情境导入：10min

（1）教师行为：播放 Cups 视频，分发纸杯并询问学生是否能跟着做，启发学生试着找出相关动作的规律（图 4-1）。

（2）学生行为：观看 Cups 视频，试着重复相关的动作，找出动作的规律。

图 4-1　Cups 视频截图

（3）设计意图：通过这个活动，让学生体会到有很多事情看起来很复杂，但是只要找到其规律或者主要特征就可以把事情变得简单，从而学习计算思维中的"抽象"这一维度的含义。

2. 你说我做：15min

（1）教师行为：裁剪视频规律重复的第一小段，重复播放三遍，选一个同学作为"机器人"，大家下达指令帮助她取到水杯。然后老师作为"机器人"，让学生通过语句控制老师做动作，通过分解的方式，努力完成视频中的动作。

（2）学生行为：仔细观看视频，用"指令"控制"机器人"完成相对应的任务（图 4-2）。

图 4-2 学生在积极地尝试

（3）设计意图：理解"指令"的含义，学会将复杂的动作进行"分解"，通过"指令"这一编程语言的表达方式理解编程控制的过程，并在循环重复的过程中理解"算法"即是解决某一问题的一系列步骤和方法。

3. 伪代码呈现：15min

（1）教师行为：根据刚才学生的"控制"，讲解程序控制中"指令"的含义，用伪代码的形式将分解出来的动作逐步写下来，理解计算思维中"分解"的含义。教师的指令如表 4-1 所示。

表 4-1 教师指令

动作分解	指　　令
Cups 第一部分	① 拍手 ② 拍手 ③ 左手拍桌子 ④ 右手拍桌子 ⑤ 左手拍桌子 ⑥ 拍手 ⑦ 右手拿杯子移到右边
Cups 第二部分	① 拍手 ② 右手反转拿起杯口触碰左手掌心 ③ 杯底触碰桌面 ④ 左手接住右手杯子 ⑤ 右手往左方向拍桌子 ⑥ 左手拿杯口往右方向扣在桌子上

（2）学生行为：跟教师一起将表4-1中指令通过伪代码的形式表达出来，并重复练习该动作。

（3）设计意图：通过伪代码的形式将视频中的动作表达出来，理解编程语言的含义，深度理解分解、抽象、算法的含义。

4. 迭代测试：15min

（1）教师行为：让学生根据伪代码进行练习，看是否能顺利完成视频动作，并在此基础上加上循环的次数，完成Cups挑战。

（2）学生行为：努力根据伪代码练习相关动作，加上循环之后完整重复这些动作。

（3）设计意图：通过对整个Cups视频动作的分解、抽象的过程，让学生逐步掌握复杂的动作，并在这个过程中鼓励学生不断地进行尝试，学会迭代测试的过程（见图4-3），从而更加理解计算思维在生活中的应用。

图4-3　学生在进行迭代测试

5. 反思总结：15min

（1）教师行为：提问学生在整个Cups活动中的感受，引导学生思考每一个环节所涉及的计算思维的内涵，总结计算思维在生活中的应用以及影响。

（2）学生行为：根据教师的引导努力回顾活动过程中的感受，分享领悟，感受计算思维的含义以及在生活中的应用。

（3）设计意图：引导学生思考在完成任务的过程中都使用了怎样的命令，孰优孰劣；领会计算机和人类的思维方式的异同，进一步加深对"命令"的理解；理解计算机中的"合成和分解"，深度学习计算思维在日常生活中的应用。

4.1.3 案例分析

本案例中很明显地使用了伪代码、递归两种典型的计算思维方式，可以让学生理解计算机的工作方式和逻辑方式，从生活应用中体会计算思维。案例是面向低年龄的儿童进行的教育活动，因此过程相对简单，体现出的计算思维也直观明了，相信读者能够很容易体会到其中反映的计算思维的特征。

4.2 Gogobot 课程设计方案

4.2.1 课程准备

教学资源

1. 课程内容

Gogobot 是地牢游戏（Dungeon Game）的极简版，主要内容是：走迷宫，找宝物，迷宫里有陷阱和怪物。"程序员"要给闯"地牢"的"机器人"编程，让它在地牢里行走、躲避并找到宝物。游戏过程中，学生需要将寻宝任务层层分解；将分解的任务对应编程指令，从肢体游戏转化到纸面规划的抽象化思考；运用模式概括寻找可循环的部分；设计算法完成机器人的路线；寻找发现漏洞，不断修改、迭代。

让学生在 Gogobot 的游戏中学习计算思维，在小组合作中认识到人与人沟通、合作的重要性，思考怎样表达才更准确，怎样合作才更高效，怎样聆听和妥协才能发挥团队的最大智慧等与协作相关的问题，培养学生的团队协作能力。

2. 课程目标

（1）通过肢体游戏理解、锻炼计算思维中各方面的能力。

（2）在游戏过程中学会使用递归、循环等计算思维的基本方法。

（3）锻炼团队协作能力。

（4）提升计算机科学基本素养。

3. 教学时间

教学时间为 90min。

4. 教学资源准备

Gogobot 游戏纸、游戏角色标签、粉笔、铅笔、范围为正方形格子的场地（尺寸不限）、饮用水等。

4.2.2 教学过程

4.2.2.1 Gogobot 规则说明及游戏准备

1. 游戏时间

本次游戏时间为 20min。

2. 教学资源

教学资源包括：每个小组 3 张身份铭牌（程序员、测试员、机器人，每小组中各一张）、每个小组 1 张 Gogobot 游戏纸、一根签字笔、一根粉笔。

3. 教师行为

（1）提前准备。在选定的场地的左下角用粉笔画好"机器人"的出发点（在没有方格的场地进行游戏，需用粉笔画出 8×8 正方形格子，如果在有方格的场地进行游戏，则直接用粉笔规定好迷宫四角）。带领学生到准备好的场地上，告知学生这一场地就是"机器人"要闯过的"迷宫"（如果天气炎热，请提前做好防暑准备）。

（2）提出问题，让学生进行思维发散。如果想让机器人在迷宫里移动，编程指令应该有哪些？

（3）收集学生的各种答案，最终获得三个命令：前进、向左转、向右转。

（4）由教师给出第四个命令：P，并举例讲解 P 的使用方法，如图 4-4 所示。

将"前进—左转—前进—右转"编成 P，然后在左下角中就可以用 P 来替代这四个步骤，如图 4-5 所示。

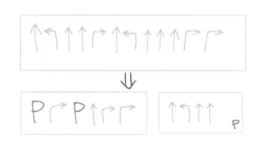
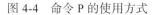
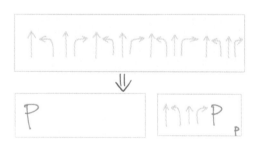

图 4-4 命令 P 的使用方式　　　　图 4-5 命令 P 的使用方式

同理，P 中带 P 就会形成循环的结果。

这里实际使用了编程中一个常见的概念——递归，就是程序自己调用自己，我们利用递归实现了循环。对学生可以不提递归的概念，只让学生知道如何使用 P 就可以了。如图 4-6 所示。

图 4-6　老师向孩子介绍规则及 P 的使用方法

（5）进行分工。学生分成三人一组，三个人分别担任程序员、测试员、机器人的角色，每个人都会得到一张身份铭牌，如图 4-7 所示。

程序员负责编写程序。当然，在编程序时，小组成员可以共同出谋划策。

机器人扮演迷宫中的机器人 Bot，接受指令，执行移动，但不对指令判断对错。

测试员负责把程序员的指令逐条传达给机器人，同时，还要负责查找程序的错误，将错误返回给程序员进行修改。

（6）将 Gogobot 游戏纸和笔发给每个小组中担任"程序员"角色的学生，并说明游戏纸的使用方法。游戏纸左半部分

图 4-7　小组身份铭牌

是书写程序的地方，主程序、P 各有空间。右半部分是模拟场地的草稿纸，方便孩子做标记或纸面模拟。

4. 学生行为

（1）思考机器人要如何移动。

（2）理解 P 的概念。

（3）分组后，了解自己担任身份的具体职能是什么。

（4）掌握游戏纸的使用方法。

5. 设计意图

通过分组，让学生在小组中完成任务，培养学生的团队协作精神；将虚拟的程序实体化，让学生更好地理解前进、左转、右转、P 指令的概念，并在之后的游戏中熟

练运用这些命令。

4.2.2.2 Gogobot游戏大闯关

1. 游戏时间

游戏时间为50min。

2. 教学资源

游戏中要用到的资源包括游戏纸、笔、粉笔等。

3. 教师行为

第一关：老师在游戏地面任意位置画出一颗星，设定这颗星是终点，每个小组需要让担当"机器人"角色的学生在"程序员"设定的程序下走到星星所在位置，"测试员"要检查"程序员"的程序，并口述程序，引导"机器人"在迷宫中达到目标。迷宫示意图如图4-8所示。

第二关：设置陷阱（蓝色的×）。教师用另一种颜色的粉笔在场地相应位置标出陷阱，"机器人"需要在"程序员"和"测试员"的引导下走到星星所在位置。另外，要求"程序员"在编程时必须用到P指令，设置陷阱如图4-9所示。

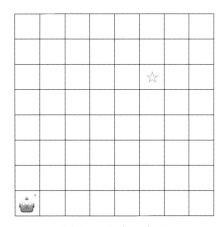

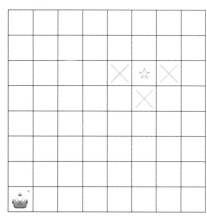

图4-8　迷宫示意图　　　　　　　　　图4-9　设置陷阱

第三关：设置必经点。将前两关的标记擦掉，在地面相应位置画出"☆""×"和"！"三种不同的标记，其中"！"表示必经点，要求"程序员"编写的程序中一定要让"机器人"走过"！"，如图4-10所示。

进阶任务，经过必经点且不碰到陷阱，获得星星，一共只需要6步。

第四关：设置"怪物"。重新绘制各种道具的位置，由担任"测试员"的学生扮演"怪物"，并说明"怪物"的特征。

例如绿色方块是"怪物"活动的区域，教师用粉笔简单标注出即可。"怪物"由"测试员"担当，所以从这一关开始，"程序员"要兼任"测试员"的工作。"怪物"在区域内上下移动，每次移动一步，如果"机器人"移动到了"怪物"的上下左右的相邻格，就会被"怪物"吃掉，任务失败，如图 4-11 所示。

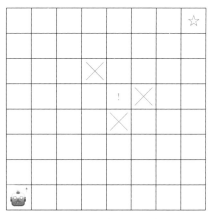

图 4-10   设置必经点

第五关：为"怪物"设置更加复杂的路径。依旧由担任"测试员"的学生扮演"怪物"。"机器人"需要在不碰到"怪物"、陷阱的情况下到达星星处，"怪物"会围绕星星进行逆时针运动，如图 4-12 所示。

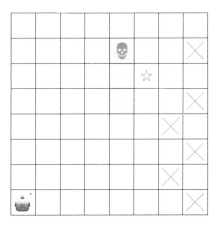

图 4-11   "怪物"设置

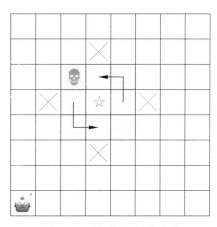

图 4-12   "怪物"行动路径

4. 学生行为

（1）小组合作完成第一～五关的挑战（见图 4-13）。

图 4-13   学生在认真编写闯关程序

（2）和队友进行有效的沟通。

（3）总结游戏中的成功或错误经验。

5. 设计意图

通过 Gogobot 游戏，让学生将程序实体化，切实感受到不同的指令带来的实际效果，增加程序学习的乐趣，从而让学生有足够的兴趣和热情进行学习，培养学生的计算思维；通过团队协作，培养学生的协作能力。

4.2.2.3　总结

1. 总结时间

总结部分需要 20min。

2. 教学资源

主要用到的教学资源包括白板、白板笔、板擦等。

3. 教师行为

（1）带领学生回到教室，有序就座。

（2）思考游戏中遇到的各种问题，总结成功经验。

（3）鼓励学生课后思考更多的迷宫地图，每一关中使用更少的步数达到目的。

4. 学生行为

（1）思考之前游戏中的成功经验，积极与大家进行分享（见图 4-14）。

（2）尝试将已有关卡中的步数尽量减少。

（3）尝试设计新的迷宫关卡，并想出相应的解决方案。

图 4-14　学生积极发言表达感想

5. 设计意图

通过游戏的成功与失败，帮助学生体会小组中的沟通与合作的重要性，思考编程中会遇到的困难，并通过实践找到切实可行的解决方法。

4.2.3　案例分析

如本书第 1 章所述，英国从原来的信息通信技术课程转向计算课程，在中小学开展计算思维教育，提出了五个特征：抽象、分解、评估、算法思想以及归纳，这些特征是计算思维教育的基本特征。本案例中使用的程序设计中的伪代码，体现了程序设计的基本过程，是计算思维教育中的一个特征：抽象。而在游戏过程中，对于"P"的使用过程，则充分体现了"递归"这一基本方法。同时学生们进行讨论从而设定规则，实际上也是最简单的算法思想的体现。另外，在每一关采用进阶式的关卡设置，也体现出问题求解中的问题分解的过程和逆向分解的过程，学生在完成了所有关卡的设计并实现后，会发现复杂问题的解决办法是将其分解成若干个简单问题，这一过程能够培养学生解决问题的能力，同时培养了学生的计算思维。

由此可见，计算思维的培养无处不在，作为教育者的我们，只要从学生自身出发，充分发挥和挖掘学生的主观能动性和积极性，最简单的案例也能培养计算思维。

4.3　全能创作人课程设计方案

从教育的终极目的来说，学生不是为了学习图形化编程工具而学习，培养他们的计算思维能力、释放他们的创造力才是教学的目的。从这一角度出发，本案例让学生从零开始设计制作一个完全原创的计算机游戏。完全原创是指除了代码设计，还有游戏场景、角色、音乐都完全由孩子自主设计完成。制作过程用到了图形化编程、平面设计、动画设计、音乐创作等学科知识，用到了图形化编程软件、Piskel 数字动画软件和 Garageband 数字音乐软件。本课程主要面对小学高年级学段及初中学生，总共 30 课时。

教学资源

4.3.1　课程准备

1. 课程总体目标

（1）帮助学生从计算机游戏发展史的角度，了解现有游戏的种类和各自的特征；

了解好游戏的核心要素有哪些。

（2）帮助学生体验并掌握从纸面的概念设计到低保真原型，再到最终成品的设计方法。

（3）帮助学生学会使用图形化编程软件编写简单的物理引擎，包括角色控制、场景控制、重力、跳跃与碰撞检测。

（4）帮助学生学会使用 Piskel 设计像素形象与像素动画，并导入图形化编程软件。

（5）帮助学生学会使用 Garageband 设计主题音乐并导入图形化编程软件。

2. 课程准备

硬件：笔记本电脑、平板电脑。

软件：图形化编程软件、Piskel 离线版、Garageband 软件。

3. 课程设计总体思路

本课程希望学生不仅是照葫芦画瓢地做出一款游戏，而是真正有所创作，而有价值的创作并不是无本之木，需要丰富的积累。所以本课程从游戏发展史开始，让学生了解那些经典的游戏，从中汲取营养。

（1）从经典游戏中，教师需帮助学生总结出好游戏的核心要素，作为后面设计的指导原则和内容框架。

（2）让学生依据前面的学习内容，畅想自己的游戏作品，并在纸面上尽量详细地表达出设计意图。

（3）进入图形化编程的学习中。学生使用图形化编程工具初步实现游戏的基本设定。这一过程可以不必追求细节，只要表达设计意图即可。

（4）进入持续强化和改进的阶段。图形化编程学习、Piskel 数字动画学习和 Garageband 数字音乐学习可以交替推进，每一部分的学习成果都可以不断地累加到作品中，从而不断地激发学生的创造力。

（5）学生作品呈现。这是一个有着物理引擎、多层背景卷轴、多场景、丰富的角色动画和音乐表现的 STEAM 成果。

4.3.2 教学过程

本课程主要分为六个部分。

第一部分"课程导入与概念设计"。将"游戏创作"作为课程主题，将不同类型的游戏介绍给学生，同时让学生踊跃发言，说出自己知道的游戏，充分调动学生的兴趣和积极性，激发学生的创造力，进而形成游戏最初的概念设计。此部分建议课时是3课时，本着以学生为中心的原则，除开始的引入环节，后续均以学生小组开展讨论，自由设计为主，教师作为指导和引导的角色。

第二部分"图形化编程实现低保真原型"。进入实际的游戏设计过程，从零开始设计游戏。这一部分的课程将第一部分的概念设计进行原型的实现，利用基础的编程技术实现概念设计。第二部分作为原型设计部分，可以根据学生的基础情况安排课时，建议5课时，原则是能够使学生的概念设计实现，并充分发挥所学知识，加以利用，同时培养编程过程中的计算思维。

第三部分和第四部分是为进一步完成游戏设计，对游戏中的角色、场景等进行优化设计的具体实现部分。整个课程围绕一个特定的游戏进行，同时体现不同的计算思维的因素，培养计算思维的同时激发学生的创造力。

第三部分"Piskel 游戏角色与动画设计"是围绕游戏的整体设计，实现游戏中不同角色的形象、游戏场景等方面的美术设计与制作。此部分引入了一个工具：Piskel，利用 Piskel 绘图软件进行角色外形设计。Piskel 是一款像素动画制作工具，使用这一工具的优点是可以同时将"像素"这一计算机图形图像的基本概念引入课程中，同样可看作是计算思维的一种体现（Piskel 的界面使用特点详见后文）。

第四部分"'库乐队'游戏音乐设计"是设计游戏的背景音乐。使用"库乐队"进行音乐创作的前提是要对基本乐理知识进行学习。同样，使用软件的不同乐器、设置节奏等过程可以激发学生的创造力，音乐的节拍、和弦等概念也是计算思维的一种体现和培养。

第五部分"进阶编程"是为完成既定游戏设计的优化与完善的过程，需要进一步学习图形化编程的方法和技术，以完成更完美的游戏创作。此部分可多设置一些课时，充分发挥和激发学生的学习兴趣和创造力，以完成最终的游戏作品。

第六部分"最终作品展示与点评"。对课程中完成的游戏作品进行展示，分组进行讨论和点评，进行总结与思考，从而提高表达、思考等综合能力。

4.3.2.1　课程导入与概念设计

本课程可以从"游戏发展史"的角度切入，在引发学生兴趣的同时，让学生从更高的角度看待游戏，"知其所以然"，而不是沉迷在某一个或某一种游戏里。

（一）开课准备

1. 课程内容

以游戏作为课程主题充分调动学生的积极性，教师通过举例、学生发言等方式引导学生进行游戏设计。在这个过程中，学生小组讨论游戏的玩法、输赢规则等设计内容并记录下来。

2. 课程目标

（1）通过游戏试玩与游戏发展历程的介绍，激发对课程的兴趣，并锻炼归纳总结等能力。

（2）分组讨论游戏的设计，激发创造力与想象力。

（3）通过详细的游戏概念设计，锻炼协作能力和逻辑思维能力。

（二）教师行为

1. 课程教学资源准备

（1）准备几款不同种类的游戏让学生试玩。

（2）准备游戏发展的图片或阅读材料，了解这些游戏的发展历史，如图 4-15 所示。

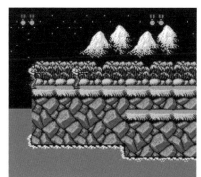
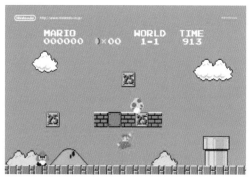
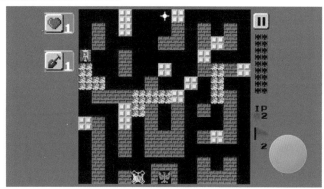

图 4-15　经典游戏材料

2. 提出问题

（1）游戏讲了一个什么故事？

（2）游戏的核心玩法是什么？

（3）游戏的输赢机制是什么？

（4）主角和对手的能力是什么？

3. 引导学生记录与分析

如表 4-2 和表 4-3 所示，学生通过试玩和回答老师提出的问题记录和分析不同游戏的特点。将答案写下来，小组讨论，能够对游戏设计有更深的认识。

表 4-2　游戏问题解答记录表（1）

游　戏　1		
序号	问　　题	答　　案
1	游戏讲了一个什么故事？	
2	游戏的核心玩法是什么？	
3	游戏的输赢机制是什么？	
4	主角和对手的能力是什么？	
5	总结分析结论	

表 4-3　游戏问题解答记录表示例（2）

游　戏　2		
序号	问　　题	答　　案
1	游戏讲了一个什么故事？	
2	游戏的核心玩法是什么？	
3	游戏的输赢机制是什么？	
4	主角和对手的能力是什么？	
5	总结分析结论	

（三）学生行为

1. 试玩游戏

学生思考每个游戏的特点，回答问题，并将答案填写在答题纸上。学生对游戏的分析可不限于答题纸中的内容，应充分发挥想象力并深入理解游戏特点。

2. 分析游戏并填写问题卡

将游戏进行简单归类，比如竞技类、益智类、闯关类等。分析游戏的特点，并给出自己的评价。

3. 设计游戏并编写或画出游戏脚本

学生开始进行概念设计。在纸上画出尽可能多的细节，体现游戏中的故事剧情、游戏玩法、输赢机制、角色形象与能力、敌人、道具、场景等（见图4-16和图4-17）。完成后在小组内进行讨论，使其尽可能详细、完善。

图4-16　学生正在进行概念设计

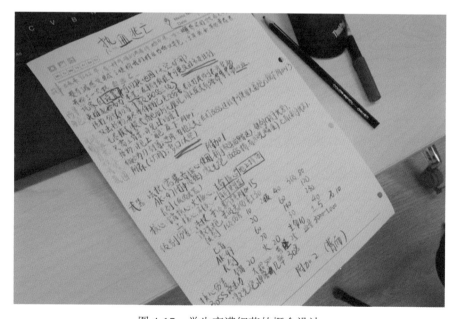

图4-17　学生充满细节的概念设计

4. 设计总结与游戏原型确定

阐述各自的概念设计，可由其他组进行评议提问，最终让学生确认是否能够将设计原型进行具体实施。

（四）设计意图

本节课的设计意图包括以下四个方面。

（1）课前的导入环节，激发学生对学习的兴趣。

（2）概念设计是非常能够激发学生创造力和想象力的过程，在此过程中，可锻炼学生思维的系统性、条理性。

（3）以分组讨论的形式培养协作精神和语言表达能力。

（4）为后续游戏创作的实践课程打下基础。

4.3.2.2　图形化编程实现低保真原型

有了概念设计作为基础，现在就可以开始动手编程了。因为本课程也面向零基础的学生，所以图形化编程的学习也是从最基础的知识入手。因为"实现概念设计"的目标性很强，所以学习过程不必采用常用的步骤，可以直接从角色控制开始。无论是什么类型的游戏，角色控制、敌人的出现和移动、道具的使用判定、计分等功能都是需要的，所以它们都是低保真原型的内容要素。

（一）开课准备

1. 课程内容

以概念设计为基础，使用编程工具实现游戏的创作。

2. 课程目标

（1）通过对图形化编程工具的学习和使用，了解和理解基本的计算机编程过程。

（2）在编程实践过程中，锻炼计算思维，诸如计算机图形（坐标系、图形运算等）、编程逻辑思路等计算思维能力。

（3）通过对游戏概念设计的实现，培养和锻炼解决问题的能力。

（4）通过进阶式的编程学习，培养学生的自信心。

3. 教学资源

准备图形化编程工具教学课件与演示程序。

4. 课时安排

本课程共包括 5 个课时。

（二）教师行为

（1）概念设计回顾：回顾前序课程中学生的概念设计，找到着手点，从零开始进行游戏制作。

（2）引导学生回顾并描述自己的概念设计游戏作品。

（3）介绍教师的概念设计，并从零开始进行游戏制作。在此过程中，将所需的编程知识教授给学生。

（4）具体讲授和演示游戏中涉及角色的含义与使用、舞台的含义与使用以及图形化编程工具的基本功能、操作方法等。

（5）引导学生动手进行游戏制作，这一过程即程序编写。

（6）以递进的方式教授编程知识，以满足学生实现游戏创作的需求。

（三）学生行为

（1）概念设计回顾：回顾前序课程中自己的概念设计，详细描述并找出着手点。

（2）运用教师讲授的编程知识进行游戏概念设计的具体实现。图4-18和图4-19为图形化软件编程低保真模型中的角色控制和子弹控制模块。

（3）对个人作品及同学作品进行评价与总结，并将结果填入表4-4所示作品评价表中。

图 4-18　低保真模型中的角色控制模块

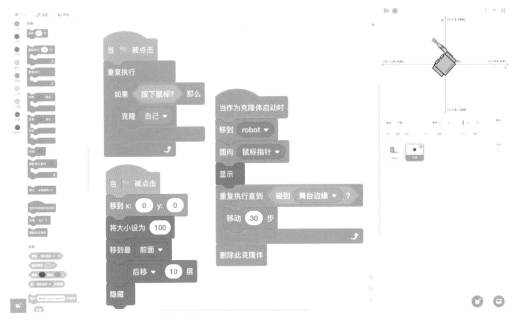

图 4-19   低保真模型中的子弹控制模块

表 4-4   作品评价表

作品评价表			
作品名称		运行情况	
设计意图		有无缺陷	
评　价			
自我评价			
同伴评价			
老师评价			

4.3.2.3　Piskel 游戏角色与动画设计

在第二部分中，我们的目标是释放学生的创造力，创作出完全原创的作品，所以在角色、场景设计上，需要引入新的绘图软件 Piskel，如图 4-20 所示。

Piskel 是一个免费的在线像素动画制作工具，打开浏览器就可以使用，在 Mac OS、Windows 等各个平台都有离线版。Piskel 入门比较容易，学习曲线非常平滑，很适合学生的学习和创作。如图 4-21 所示是学生正在使用 Piskel 创作角色。

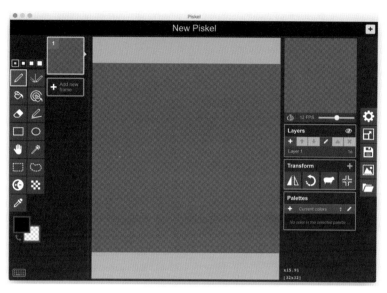

图 4-20　Piskel 软件界面

开始绘制之前，需要给学生讲授一些基础的色彩理论知识和基础的美学赏析，并对纯度、明度、色相等专业术语做出解释（图 4-22）。在此基础上，学生通过一些基础的造型训练熟悉软件的操作。入门练习完成后，学生要将概念设计中的角色和背景的所有造型和动画，都在 Piskel 中绘制实现。绘制时需要特别注意分层的规划和场景的宽高比例设置。

图 4-21　学生正在使用 Piskel 创作角色

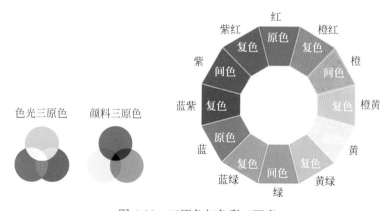

图 4-22　三原色与色彩三要素

绘制完成后，将绘制素材导成 .png 或 .gif 的图片，再导入图形化编程软件中对应的位置即可。由于此部分主要以学生发挥想象创作为主，不需要教师过多干预，教师只需教授美学基础知识和将必要的 Piskel 使用方法进行说明和指导即可。

美学小知识——三原色与色彩三要素

色彩是光从物体反射到人眼睛所引起的一种视觉心理感受。色彩从字面含义理解可分为色和彩，所谓"色"是指人对进入眼睛的光并传入大脑时所产生的感觉，"彩"则指多色的意思，是人对光变化的理解。

绘画色彩中最基本的颜色为红、黄、蓝三种，称为原色。这三种原色的颜色纯正、鲜明、强烈，而且这三种原色不能通过其他颜色调配出来，但是却可以调配出多种色相的颜色。三原色分为色光三原色和颜料三原色。

色相、明度和纯度称为色彩的三要素。

色相或称色调，是指色彩的相貌、名称，是色彩最显著的特征，光谱上的红、橙、黄、绿、青、蓝、紫就是七种不同的基本色相。色相用于区别颜色的种类，只与波长有关。某种颜色的明度、纯度可以变化，但其波长不会变，即色相不变。

明度或称亮度，是指色彩的明暗、深浅程度的差别，取决于反射光的强弱。它包括两个含义：一是指一种颜色本身的明与暗；二是指不同色相之间存在着明与暗的差别。明度可对纯度产生影响，明度降低，纯度也随之降低，反之亦然。

纯度或称饱和度，是指色彩的纯粹程度。越接近标准色纯度越高。对于统一色调的彩色光，饱和度越深颜色越鲜明。例如，当红色加入白光之后，冲淡为粉红色，其基本色调还是红色，但饱和度降低了。

美学小知识——不同颜色的象征意义

色彩可以引起人们的某种联想，这源于经验和经历，如表 4-5 所示。

表 4-5　不同颜色的象征意义

颜色	直接联想	象征意义
红色	太阳、旗帜、火、血	热情、奔放、喜庆、幸福、活力、危险
橙色	柑橘、秋叶、灯光	金秋、欢喜、丰收、温暖、嫉妒、警告
黄色	光线、迎春花、香蕉	光明、快活、希望、帝王
绿色	森林、草原、青山	和平、生机益然、新鲜

续表

颜色	直接联想	象征意义
蓝色	天空、海洋	理智、平静、忧郁、深远
紫色	葡萄、丁香花	高贵、庄重、昔日最高等级
黑色	夜晚、没有灯光的房间	严肃、刚直、恐怖
白色	雪景、纸张	纯洁、神圣、光明
灰色	乌云、路面、静物	平凡、朴素、默默无闻

4.3.2.4 Garageband 游戏音乐设计

一个精彩的游戏听觉元素必不可少。游戏中的音效、按键的拟声、主题音乐都是可以发挥学生创造力的环节。本课程使用的音乐制作软件是 iPad 上的免费软件 Garageband，如图 4-23 所示。

图 4-23　Garageband 软件界面

与数字动画创作的教学过程相似，首先要让学生理解一些基础概念，比如节奏、旋律、和弦等。有了基本概念，学生可以先从 8 个小节的短旋律开始，铺上节奏，按照想要表达的气氛选择乐器和和弦，最后谱写旋律，如图 4-24 所示。这一过程学生需要不断尝试，反复修改，才能获得满意的成果。音乐创作定稿后，导出 .mp3 格式文件，再导入图形化编程软件即可。

图 4-24　学生用 Garageband
进行音乐创作

乐理小知识——音乐三要素

贝多芬有一句引人深思的名言："音乐应当使人类的精神迸发出火花。"音乐究竟以哪些手段达到这样强烈的效果呢？归纳起来主要是音乐的语言、音乐的结构和音乐的和谐性。

音乐的语言主要是指旋律。音乐的结构包括了节奏、曲式的因素，而音乐的和谐性主要是指和声。因此，人们常把旋律、节奏、和声（或和弦）作为音乐最主要的构成要素。音乐美学家们认为，占首要地位的是没有枯竭、也永远不会枯竭的旋律，它是音乐美的基本形象；和声带来了千姿百态的变化，它不断提供新颖的基础；节奏使二者的结合生动活泼，这是音乐的命脉，为多样化的音色添上了色彩的魅力。

旋律是由连续演奏的一些音符所组成，旋律是音乐所要表达的思想。作为"三要素"中最为重要的旋律，它有以下一些功能：旋律能模拟自然，如流水、鸟鸣等；旋律也能反映生活，如它可以表现钟表店里的挂钟、闹钟、小钟和怀表；旋律还可以表达感情，这是旋律最擅长的功能；旋律同样可以塑造形象，这是对前三种功能的一种综合。

节奏是旋律的骨架，是音乐的一个方面，它包括了与乐音有关的所有因素（如重音、节拍和速度），它是组织起来的音的长短关系。节奏的律动来自生活，如走路、游泳、打夯、锄地，人体中的脉搏、呼吸、心跳，运转的机器等，生活的方方面面都包含着节奏的因素。虽然节奏有着纷繁的种类，但归纳起来不外乎长、短、长短结合三类。

和声是指音乐中同时发出的不同高低的音相结合所构成的和谐的多声部。和声的运用能够使主旋律更加具有立体感。和声往往是由听起来悦耳的、平和的、不刺激的、稳定的乐音所组成。但是和声也可以通过音级不断的变化，形成刺耳的乐音——即由不和谐的、活跃的、不平稳的声音组成。不和谐的和声通常被用来制造紧张状态，而和谐的和声则被用来缓解这种紧张状态，这是和声的内涵。

4.3.2.5 进阶编程（10课时）

需要强调的是，第三、第四部分和本部分在实际教学中可以相互穿插、彼此融合，具体可以根据课时的要求或者学生的状态进行调整。

数字动画和数字音乐创作为学生提供了素材，而提高编程水平，才能让游戏有更真实、更丰富的表现。

无论哪一种游戏类型，都需要一些通用的编程技术，例如对角色的精细控制、对背景的多层控制、对重力的模拟等，如图 4-25～图 4-27 所示。

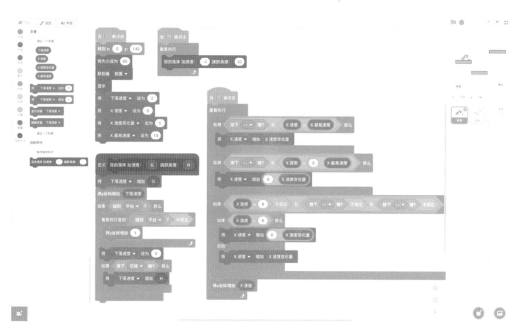

图 4-25 进阶编程中的惯性移动控制模块与重力 & 跳跃模拟模块

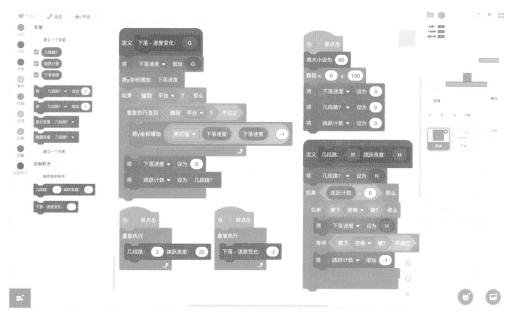

图 4-26 进阶编程中的多段跳模块

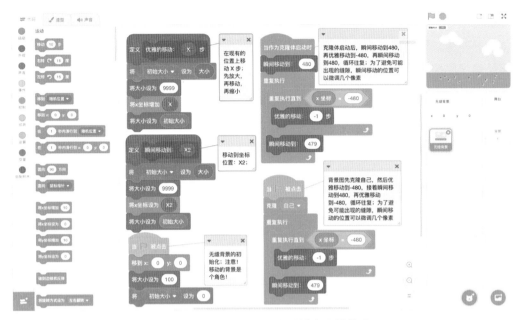

图 4-27 进阶编程中的背景横向卷轴模块

4.3.2.6 最终作品展示与点评（2 课时）

最后的作品可以是小组合作完成的，也可以是个人作品。每组或每人向同学讲述自己作品的设计思路、实现方法，自己的收获和反思等，如图 4-28 所示。同学也可以试用他们的作品，向他们提问或给出建议。同学之间的讨论和建议也会成为学生重要的收获之一。

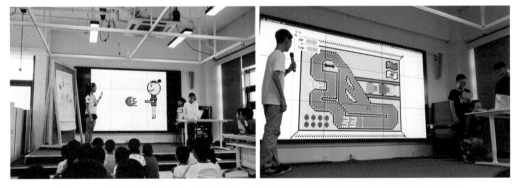

图 4-28 孩子运用海报、课件和游戏试玩等手段，讲述自己作品的技术细节

4.3.3 课程指导

本节以第一部分《引入与概念设计》部分为例，给出具体课堂教学流程。

1. 本部分简介

（1）课程内容：小组"破冰"、了解游戏的基本类型、市场调查数据理解、制订自己想做的游戏。

（2）课程目标：初步了解游戏及市场情况，制订游戏设计计划。

2. 教学资源准备

1）材料

配套 PPT、半开大白纸（每组一张），彩笔若干、手账本（每人一本）。

2）桌椅摆放

环绕老师 U 形摆放桌子，每个小组的椅子围绕桌子摆放，同时在每组桌子距离教师的远端贴大白纸。

3）分组名单

在开课前进行分组，确定名单。通常的分法是男生分一组女生分一组，年纪小一些的坐在前面，以方便管理，年纪大些的坐在后面。

3. 教学过程

1）介绍课程

（1）设计意图：让小组成员互相了解，并能系统性地知晓活动过程中所要学习的内容、遵守课堂纪律。

（2）教学资源：大白纸、PPT、彩色铅笔、草稿纸。

2）破冰游戏

学生通过讨论找出小组成员间的共同点。教师要在讨论过程中维持课堂秩序，鼓励小组中的同学相互了解、沟通，如图 4-29 和图 4-30 所示。

图 4-29　课堂影像　　　　　　　图 4-30　同学们互相了解

3）游戏试玩

设计意图：尝试老师准备好的游戏，体验主流游戏类型，从产品设计的角度，体验游戏的结构、情节设置、输赢机制，分析什么是好的游戏，为什么会吸引人。

4. 教师行为

1）实际体验游戏

在教室后排设置一排长桌，长桌数量为小组数量，在桌上摆放平板电脑，每台平板电脑上安装一款游戏，平板电脑数量为小组数量。游戏包括：Sword of Xolan（平台类）、Super DD（平台类）、Steredenn（射击类）、Kick Ass Commandos（射击类）、Super Hydorah（射击类）、Evoland2（平台、角色扮演类）、Bombastic Brothers（射击类）、Gunbird 2（射击类）。

2）告知体验游戏的流程与规则

（1）按先后顺序体验，不许抢夺。

（2）带着问题体验，思考游戏类型及游戏输赢机制是什么，最喜欢哪一款？

（3）游戏体验过程，学生围绕平板电脑进行体验，教师在旁指导（见图 4-31）。

（4）体验全部游戏后，回到座位，根据教师 PPT 的指示在手账中写下自己最喜欢哪一款游戏。

3）了解游戏类型，并写出自己的想法

引导学生写下自己最喜欢的游戏；引导学生分享自己喜欢的游戏的细节，鼓励发言（可选项）；总结讲解市面游戏的特征和类型（见图 4-32）。

图 4-31　学生体验主题游戏

图 4-32　写下自己喜欢的游戏类型

鼓励学生讨论出自己想做的游戏，为进行游戏 1.0 纸面版本的制作进行铺垫。

在学生不理解某种类型游戏（如平台类游戏）时，需要举一些耳熟能详的游戏例子（如"超级马里奥"就是一个很经典的平台类游戏，和平精英是一个捡东西＋射击类游戏）。

引导学生的创新思维。如在传统游戏中，以超级马里奥为例，是马里奥去营救公主，公主是一个被动的角色，在学生设计的游戏中，是否可以将公主设定为勇士去营救落难的人。

4）布置作业

对游戏进行纸面 1.0 版本的设计，要求游戏画面能够体现核心玩法（如平台类游戏会有平台；寻宝类游戏会有各种各样的物品要拾取），将画在白纸上（大白纸下半部分）。一定要画出不同层的背景具体的样子。

5. 头脑风暴

（1）设计意图：打开思路，让学生能尽可能地发挥自己的想象力。

（2）教师行为：教师说明头脑风暴中的注意事项；先让小组成员写出自己的想法，然后与其他组的想法放在一起；不要评价别人的想法好或者不好。维持课堂秩序，鼓励组内所有成员分享自己的想法。

在头脑风暴的过程中，要引导学生进行发散性思维，从不同的角度思考游戏的可能性，同时也要思考游戏具体的细节。

（3）教师需强调小组中每个人都要参与讨论；头脑风暴的思路要具体举例子。

（4）学生行为（课程结果）：写出自己的想法。

6. 有效讨论

确定游戏的大概方向，比如是平台类还是射击类，大概有几个角色、背景是怎样的。关键是集思广益，尽量多涉及不同的方面（见图 4-33）。

7. 助教行为

协助主教老师进行课程秩序的管理，作为"顾问"被分配到组中，在学生需要指导时提供帮助。

8. 游戏设计具体内容

（1）设计意图：让小组成员明确自己要做的游戏，绘制纸版。

（2）时间：共 1h，包括老师讲解 30min，小组讨论 30min。

（3）教师行为：强调细节，包括具体的设计要精细到什么程度，明确该阶段讨论目标为制作出游戏纸面版本 1.0，明确任务列表，将工作分配到每一天。

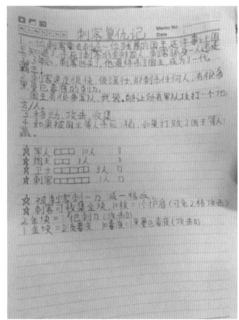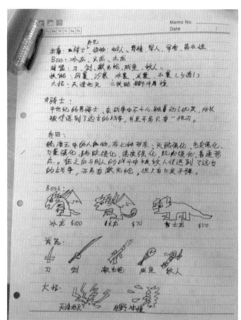

图 4-33　学生讨论的结果

举例说明游戏设计不明确带来的问题，并举一个反例。

确定需要讨论出的各种细节，引导学生确定故事主线、英雄角色、反派角色、主要技能等。特征要尽量详细，要有几层背景（远处背景速度较慢，近处背景较快）。

在讨论过程中适时点拨，让小组中每个成员都能抓住重点及细节，给予足够时间进行详细讨论，并在讨论过程中举一个实例。图 4-34 为基于幽灵公主，以小狐狸视角写的故事板书。

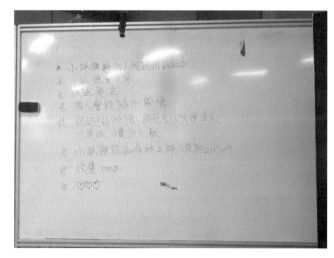

图 4-34　讨论实例

让学生根据前面讨论的设计内容，将工作分配到每一天，列一个任务列表。

（4）教师强调游戏设计过程中的细节设定。

（5）学生行为（课堂结果）：写出游戏的角色设定（尤其是细节，如角色穿什么衣服，是什么职业，拿什么道具等）；绘制出游戏 1.0 纸面版本；写出之后几天具体的制作计划，注意时间安排（图 4-35）。

图 4-35　课堂影像

（6）助教行为：协助主教老师进行课程秩序的管理，作为"顾问"被分配到组中，在学生需要指导时提供帮助。

9. 图形化编程工具实际操作

（1）设计意图：讲解图形化编程工具中简单的快捷键的功能与用法，使用图形化编程软件绘制角色、进入初始化、发射子弹。

（2）教师行为：在角色界面绘制一个机器人，如图 4-36 所示。首先绘制一个方形，并将其中心点放在背景的中心。注意，绘制的形状要放在角色里面而不是放在背景中。此处需强调中心点的概念，中心点是整个图片中居中位置的点。

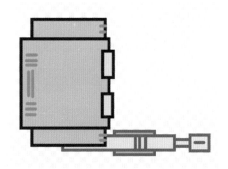

图 4-36　绘制机器人

讲解背景尺寸（480×360 或 4∶3）的概念。绘制方形形状后使用运动模块，通过调整 x 和 y 坐标控制形状所处位置。

绘制子弹时复制造型 1 获得造型 2，并在造型 2 手枪口处绘制一颗子弹（图 4-37 和图 4-38），并且删除图 4-38 中红色之外全部的图像。

如图 4-39 所示，对机器人进行初始化，设定大小、位置、前后、显示，并加上小绿旗开始图标。

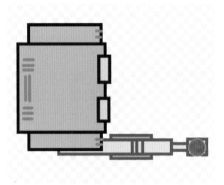

图 4-37　绘制子弹　　　　图 4-38　完成机器人造型绘制　　　图 4-39　对机器人进行
　　　　　　　　　　　　　　　　　　　　　　　　　　　　　　　　　初始化

进行移动操控方法的教学，说明"如果……那么"模块的含义，如图 4-40 所示。

图 4-37 中的造型 2（子弹）通过复制变成独立于机器人角色的另一个角色。然后控制子弹的运动，讲解克隆的概念（克隆就是把角色复制粘贴，获得一个和原角色一样的克隆体）。"当作为克隆体启动时"的程序就是控制克隆体的程序，当碰到舞台边缘时，克隆体被删除，如图 4-41 所示。

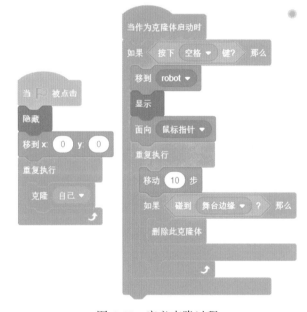

图 4-40　定义"如果……那么"模块　　　　图 4-41　定义克隆过程

（3）教师要随时注意学生是否跟上教学的节奏，强调学生要发现自己程序的漏洞；要求助教在学生求助时进行辅助，强调学生要先看教师做，再自己做；提醒学生要在"角色"界面中添加角色，如果误加到背景界面中，可在背景界面中先添加一个空白图层，然后再将误放在其中的角色删除。

（4）学生行为：跟随教师绘制机器人；绘制子弹（注意放到图层最前面等细节问题）；编制移动机器人的程序；编制发射子弹的程序。

（5）助教行为：协助主教老师进行课程秩序的管理，作为"顾问"被分配到组中，在学生需要指导时提供帮助。

4.3.4 案例分析

本小节的案例中应用了多种计算机技术，如基本的图形化编程工具、计算机图形学的基本原理以及像素的概念、利用计算机工具进行音乐创作等，从多个角度展示了计算机技术的原理和运用，让学生在学习使用计算机的同时，培养运用计算机的思维方式思考问题和解决问题。

在利用计算机编程实现游戏的原型设计时，学生体验了计算机技术的应用情境，理解如何把实际问题抽象成合适的"数学模型"，设计脚本指令，解释执行模型。在游戏背景绘制过程中，计算机图形（坐标系、图形运算等）的绘制培养和锻炼了学生将几何计算等数学知识转化为基本的计算机算法的能力。在整个游戏原型创作的过程中，理解并运用了计算科学求解问题的方法，学习了计算机科学家解决实际问题的思想与智慧。

在利用计算机进行音乐创作的过程中，学习了音乐基础知识，如节拍、和弦等，将现实中的音乐元素转换为计算机中的音乐元素，其中不乏循环等程序算法的体现。

在进阶编程阶段，可以利用编程工具进行更高级的程序编写。在程序设计时，可以引入流程图等工具，培养程序设计能力，激发学生的创造性。

国内的计算思维教育通常都在计算机或信息技术课上进行，因此可以根据计算机技术的不同分类进行计算思维课程的开发，如计算机的图形、音乐、搜索等的应用。数据结构、网页前端或者计算机基本的二进制等，也都可以展开进行课程的开发，打开思路后会发现，计算思维其实无处不在。

参考文献

[1] 申晓改.计算思维与计算机基础教学研究 [M].成都：电子科技大学出版社，2018.

[2] 王荣良.计算思维教育 [M].上海：上海科技教育出版社，2014.

[3] 赵宏，王恺，高裴裴，等.计算思维应用实例 [M].北京：清华大学出版社，2015.

[4] 唐培和，徐奕奕，王日凤.计算思维导论 [M].桂林：广西师范大学出版社，2012.

[5] 唐培和，秦福利，唐新来.论计算思维及其教育 [M].北京：科学技术文献出版社，2018.

[6] 约翰·斯宾塞，A．J．朱利安尼.如何用设计思维创意教学：风靡全球的创造力培养方法 [M].
王顿，董洪远，译.北京：中国青年出版社，2018.

[7] 刘晓勘.北京青少年科技后备人才早期培养计划人才 20 年 [M].北京：科学出版社，2017.

[8] 罗伯特·M.卡普拉罗，玛丽·玛格利特·卡普拉罗，詹姆斯·K.摩根.基于项目的 STEM
学习—— 一种整合科学、技术、工程和数学的学习方式 [M].王雪华，屈梅，译.上海：上
海科技教育出版社，2016.

[9] 陈怡倩.统整的力量：直击 STEAM 核心的课程设计 [M].长沙：湖南美术出版社，2017.

[10] 鲁百年.创新设计思维（设计思维方法论以及实践手册）[M].北京：清华大学出版社，
2015.

[11] 826 全美.基于课程标准的 STEM 教学设计：有趣有料有效的 STEM 跨学科培养教学方案
[M].林悦，译.北京：中国青年出版社，2018.

[12] 美国国际教育技术协会.ISTE 教育者计算思维能力标准（2018 版）[S]，2018.

[13] 王荣良.计算思维的学科观 [J].中国信息技术教育，2016.

[14] 王巧丽.基于 Scratch 提升中学生计算思维的教学实践研究 [D].呼和浩特：内蒙古师范大
学，2018.

[15] 柏安茹.面向计算思维培养的 App Inventor 课程设计与开发 [D].北京：北京邮电大学，
2018.

[16] 李南南.面向小学生计算思维能力培养的 App Inventor 课程设计与开发研究 [D].天津：渤
海大学，2018.

[17] 胡盈滢.中小学计算思维培养课程设计与开发研究 [D].上海：上海外国语大学，2019.

[18] Google.面向教育者的计算思维课程 [OL].毛澄洁，项华，等译. https://computationalthink-
ingcourse.withgoogle.com/course? Use last location=true.2020.3

[19] 计算思维 007.诸葛越.微信公众号，2020（03）.

[20] 黄河.用"计算思维"包书皮.德塔思维，2019（09）.